TEA DESSERT

———清 爽 不 膩———
茶香風味甜點

東方茶韻×法式工藝，從經典到職人級創意，為舌尖帶來幸福滋味的茶香甜點

專業烘焙名師
吳振平

推薦序

茶的風土滋味，好茶好點

　　恭喜振平要出書了！在得知是以台灣茶為主軸結合甜點的茶甜點書時，心中充滿期待與喜悅。由衷的感到高興，終於有一本針對台灣茶甜點的專業烘焙書要問市了。

　　台灣茶遍佈全國各地，最主要的產區在南投，包含知名的凍頂烏龍茶、高山茶、紅玉紅茶、阿薩姆紅茶等等。北部則有鐵觀音、包種茶；新竹有高山茶；中部大禹嶺山脈，南部到阿里山高山茶。試想，如果禮盒裡裝滿了這些漫溢台灣茶香特色的甜點，光是想像那陣容畫面就足以讓人驚艷、讓人為之動容。

　　日本有風靡全球的抹茶，而聞名世界的台灣茶，因產區不同而有其獨特的風味底蘊，相信台灣茶與生俱來的獨特風味，能在烘焙市場與甜點同步綻放，走入日常生活甚至國際征服世界的味蕾。

　　茶香醇厚、有獨特回甘香韻，將台茶特色揉入於甜點能減少甜膩感，讓甜香中韻藏茶香，使得茶甜點保留台灣茶真正茶尾韻甘醇香。振平的這本茶甜點書，運用了多種在地的茶品結合於各式甜點，從餅乾到多層次甜點、從日式單一風味到法式甜點技法，對於喜歡台灣茶的人，這本書絕對是最值得一看、學習的書。

貓茶町／創辦人&主廚　高韋鴻

值得你細細玩味的茶香甜點

　　我所認識的振平師傅，是一位追求極致且不斷挑戰極限的職人，從很多的細節、溫度與調味中看的出他的用心，與他同事多年，一直很欣賞他的精神和做甜點的那份執著，而這些從他在每場的競賽且屢屢斬獲各大獎項足可證明。

　　這是一本，集合了振平師傅多年的經驗和技術的分享，內容實用且極具價值，可說是專業的表現也是技術的傳承，我相信會是新手、學員一看就上手的經典之作。

世界麵包大賽亞軍　

茶甜點的味覺新體驗

　　《清爽不膩！茶香風味甜點》就像一位懂茶、懂甜點的好朋友，帶著你從茶香出發，慢慢走進甜點的世界。作者來自後山花蓮，身材高䠷，卻總是帶著謙遜的笑容。我和他相識超過十五年，見證了他從高餐求學時期的青澀，到如今熟練掌握甜點與茶香結合的獨特技藝。他的作品不只好吃，更能讓人記住背後的用心與溫度。

　　這本書不只是食譜，它教你從靈感、工具到技巧，一步步掌握茶與甜點的搭配祕訣。你會發現，茶的香氣不只是在杯中回味，還能融進蛋糕、派皮、奶霜裡，變成驚喜的風味細節。不管你是專業甜點師，還是喜歡在家動手做甜點的人，都能在這本書裡找到靈感，學到實用的技巧。翻開每一頁，你都能感受到作者對細節的堅持和對味道的熱愛，甚至會忍不住想立刻動手試試看。

卡啡那／法式甜點行政主廚　潘瑞祺

甜點與茶香的美妙邂逅

　　當茶的優雅香氣遇上砂糖與奶油，風味不再只是單一滋味。如果說茶，是風土與時間的產物；甜點，則是風味與質地一同併發的創意。帶著茶香的甜點可以是一段能在味蕾展開的故事。或許輕盈如晨霧，或許濃烈如暮色，咀嚼品嘗，在不經意間的感受，牽動並記憶。

　　James的這本書，是再一次介紹茶香與甜點的交會。從紅玉蒙布朗到東方美人歐培拉，從抹茶泡芙到焙茶布丁塔，多道作品以甜點與茶描繪形與韻。希望能在慕斯的柔滑裡嗅見茶園香氣，在餅乾的酥脆間感受午茶的美好時光。讓人不只是品嘗，同時可以沈浸其中，去感受、去想像，去留下記憶。

　　在James的甜點書中不僅分享了技巧與配方，更以工作經驗與細膩的心意引導讀者走入茶與甜點的甜點對話。我想說，真正的美味往往誕生於專注與耐心，也源自願意傾聽食材的意志。願這本書成為你的一盞燈，照亮，帶領，與你一起在廚房裡遇見更多驚喜。讓茶香穿越書本，和糖與麵粉一起混合，與甜點化為記憶的留聲，久久不散。

Quelques Pâtisseries 某某法式甜點／主廚

作者序

當 茶 走 進 甜 點

　　有些味道，會讓人一輩子都想去找。對我來說，茶香就是這樣——清爽、溫柔、帶點深度，還有山裡的涼意和土地的味道。這些年，我在廚房裡一次又一次地試，想把屬於台灣的這份味道，變成甜點裡的新靈魂。

　　《清爽不膩！茶香風味甜點》是我和茶的故事，也是我用甜點記錄下來的旅程。裡面有紅玉蒙布朗的安靜甜美、東方美人歐培拉的細緻層次、焙茶蕎麥布丁塔的溫暖香氣，還有伯爵檸檬瑪德蓮的清新、炭焙烏龍費南雪的厚實，以及蜜香核桃雪球那種入口後慢慢散開的溫柔回甘。每一道甜點，都是我用自己的方式去感受、去翻譯茶的性格。

　　我不希望這本書只是教你做甜點，更想讓它成為一座橋，讓大家透過甜點走近茶。書裡有簡單就能完成的常溫小點，也有需要多點耐心的法式經典和多層次派點。你可能會喜歡伯爵水果旅行蛋糕的樸實暖心，抹茶栗子旅行蛋糕的細膩溫潤；也可能被紅玉蜜果的濃郁、蜜香葡萄柚閃電泡芙的明亮酸甜，或阿里山高山茶派的清香牢牢吸引。不管你是剛開始做甜點，還是已經在專業廚房裡打滾，我想你都能在這裡找到一種屬於自己的樂趣。

　　茶和甜點的結合，不是簡單放在一起，而是互相幫忙、互相成全。四季春慕斯遇上鳳梨，果香更亮；貴妃烏龍夾心和水蜜桃搭配，多了一份溫柔；抹茶提拉在 mascarpone 慕斯的綿密裡，留下的是悠長而舒服的回味。對我來說，這些味道，就像在舌尖上寫一封情書。

　　而這封情書，是寫給台灣的。因為只有這片土地，能讓紅玉帶著薄荷和肉桂的氣息；讓東方美人自然透著蜜香；讓阿里山高山茶有花和果交織的香氣。每一道甜點背後，都有農人的用心、製茶師的功夫，還有大自然的心意。

　　我希望你翻開這本書，不只是為了烘焙，而是想跟我一起，用味覺旅行，嘗嘗台灣的山、風、土地和人情。當茶走進甜點，就是我最想和你分享的那份溫柔。

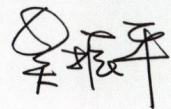

CONTENTS

02　推薦序
03　作者序

10　本書的使用方法

TEA.1

12　眾裡尋茶，茶風味之旅
　　用茶香引領，尋覓茶香甘韻
18　製作甜點的工具
20　基本使用的材料
26　茶香甜點的製作重點技巧
　　・茶香甜點的4大重點
　　・茶香甜點的製作技巧

濃韻茶香味的
餅乾 & 司康

40　東方美人厚酥餅
43　鐵觀音桂花薄酥餅
46　四果茶維也納酥餅
49　開心果綠茶夾心酥
52　蜜香杏仁夾心酥
56　鐵觀音芙蘿餅
59　蜜香草莓果醬餅
62　百香芒果包種茶果醬餅
68　抹茶四葉草餅乾
71　煎茶幸運草餅乾
74　焙茶柳橙鑽石餅
78　阿里山高山茶鑽石餅
81　蜜香核桃雪球
84　百香綠茶雪球
87　紅玉草莓司康
90　炭焙烏龍司康

TEA.2

茶香藏韻的
燒菓子&旅行蛋糕

94	和風煎茶杏仁蛋糕
97	高山杏桃旅行蛋糕
100	錫蘭水果旅行蛋糕
104	伯爵蘋果旅行蛋糕
107	抹茶栗子旅行蛋糕
110	四季春橙香艾可斯
114	阿薩姆紅茶緹娜
118	包種茶巴斯克餅
123	紅茶龍蒂克蕾
126	包種茶費南雪
130	炭焙烏龍費南雪
134	伯爵檸檬瑪德蓮
138	大吉嶺紅茶瑪德蓮

TEA.3

茶香美學新詮釋的
法式經典

144	夏洛特
148	櫻桃塔
152	人吉嶺紅茶巴巴
156	蜜香葡萄柚閃電泡芙
160	奶油泡芙
164	抹茶酥皮泡芙
168	紅玉蜜果
173	紅玉蒙布朗
178	東方美人歐培拉

TEA.4

茶香果香豐盈的
特色甜點

- 190 紅烏龍生乳捲
- 194 紅烏龍純生生乳夾心
- 198 貴妃烏龍水蜜桃夾心
- 202 煎茶草莓鮮奶油蛋糕
- 206 抹茶提拉
- 210 焙茶蕎麥布丁塔
- 214 熱帶島國
- 220 水果塔
- 224 春漾
- 228 凍頂烏龍葉子派
- 232 阿里山高山茶派
- 236 伯爵柑橘國王派
- 240 伯爵柚子國王派

BASIC
基礎製作

- 35 卡士達
- 36 杏仁奶油
- 37 奶油霜
- 38 吉利丁凍
- 142 泡芙
- 142 塔皮、餅乾酥粒
- 187 快速派皮
- 188 反折千層派皮

COLUMN

- 66 鮮美豐味，自製手工果醬
- 184 提升糕點層次的表面裝飾
- 223 美味的手工鳳梨醬

本書的使用方法

這裡整理了製作甜點前應該先瞭解的規則，
為了確實地製作出美味的糕點，請先充分閱讀後再開始作業吧！

01
甜點成品圖
甜點完工裝飾的成品圖。但也沒有非得這樣裝飾不可，發揮小巧思的裝點能帶來不同的樂趣。

02
剖面圖
每道甜點的剖面皆標示出組織的結構層次，讓你快速解讀結構風味，清楚理解甜點組合的結構。

03
Data甜點的風味標示
以最容易理解的圖表標示醇厚度、口感與香氣。

- **醇厚度**：從優雅清淡到濃郁醇厚，分成1-5等級，數字愈大代表茶韻風味愈濃醇。
- **口感**：硬脆｜酥脆｜蓬鬆｜濕潤｜豐厚紮實
- **香氣**：呈現於甜點整體中的香氣，分成1-5等級，數字愈大代表香氣特色愈濃郁明顯。

04
材料配方
製作甜點所需的材料。部分材料會在（）內載明可替換的食材。材料的份量皆以g（公克）標示，若有補充事項會標記「＊」特別說明，或者附帶對照頁數記號（P.000）。
食材名稱旁邊或下方的標示（▶切丁，冷藏），指的是食材呈現的狀態。

05
甜點名稱＆特色
甜點名稱及主要特色說明。

06
章節單元
甜點的分類單元，可就喜好的種類，迅速找到喜愛的甜點。

07
完成份量
完成品的大概數量。

08
製作步驟
圖解製作過程，步驟圖搭配詳細的製作說明。並且詳細紀錄了呈現的質地（Texture）。

09
詳細解說重點訣竅
製作的建議及註解，解說食譜配方中沒有提及的重要細節，或特別的提醒說明。

關於使用的材料、器具

- 粉類包括杏仁粉、麵粉或糖粉，在使用前過篩。
- 材料若有特別指定會標示商品名稱，藉以提供瞭解實際風味，使用自己喜好的素材也沒關係。
- 甜點配方中，會將多個配方設定成容易製作的份量，製作完成的配方份量，未必能符合相同個數的甜點。
- 用攪拌機攪拌時適時停機，用橡皮刮刀將攪拌缸內側或沾在配件上的材料刮乾淨。
- 烤箱的溫度和烘烤時間僅供參考。請依照烤箱機種及特性適當的調整。

眾裡尋茶
茶風味之旅

從茶的風味特色開始解構，
不論是綠茶、青茶、紅茶還是調味茶，
每種茶都深具特色且風味獨特。
來一趟茶的風味探索，從瞭解茶香到以茶為引，
打造的茶與甜點的美味體驗，
帶你細品一場優雅的茶香甜點盛宴。

阿薩姆紅茶　　錫蘭紅茶　　紅玉紅茶　　大吉嶺紅茶

凍頂烏龍茶　　紅烏龍茶　　伯爵紅茶　　蜜香紅茶

01／凍頂烏龍茶

台灣最具代表性的傳統烏龍茶之一，產於南投鹿谷鄉「凍頂山」一帶，以濕霧氣候特質，和傳統製茶工藝著稱，茶葉厚實、香氣集中。製程多採中度至重度焙火，茶湯醇厚圓潤，帶有深沉韻味。以平衡的焙火香與回甘韻味而聞名。

- **香氣表現**：木質調、烘烤堅果香、熟果乾氣息為主，並帶有微微炭焙與蜜糖韻。
- **風味口感**：香氣清雅穩重，焙火香氣迷人，甘醇圓潤。
- **適用甜點**：蛋糕體、餅乾、慕斯、飲品。

02／蜜香紅茶

台灣獨特的紅茶類別，主要產自新北坪林、宜蘭、花蓮與南投等地。其獨特之處在於是由「小綠葉蟬（茶小綠葉蟬）」叮咬茶菁觸發產生獨特的蜜糖香氣。茶湯色澤紅潤澄亮，口感溫潤甜美，不帶苦澀，帶有濃郁的蜜香，有「大自然饋贈的茶」之稱。

- **香氣表現**：蜜香、成熟果香、香濃順口。
- **風味口感**：入口圓潤順滑，甜潤而不膩，幾乎無澀感，尾韻悠長，帶淡淡蜜糖與果乾收斂感。
- **適用甜點**：特別適合多種香氣或果香主題的烘焙甜點。

03／伯爵紅茶

世界經典的調味紅茶之一。茶感渾厚，氣味清新，具有高辨識度的果香調性。香氣獨特是廣用於甜點的茶香主角。

- **香氣表現**：明亮的佛手柑柑橘皮香、清新橙花氣息、紅茶底蘊中的淡淡蜜糖與麥芽香。
- **風味口感**：溫和回甘。
- **適用甜點**：烘焙甜點、巧克力類、慕斯。

04／錫蘭紅茶

斯里蘭卡（舊稱錫蘭）為世界著名的紅茶產區，產自於此的紅茶統稱為「錫蘭紅茶」。

- **香氣表現**：清新柑橘皮香、茶花香、蜂蜜甜香，並帶淡淡的紅糖與乾果氣息。
- **風味口感**：濃郁溫潤，口感溫和醇厚。
- **適用甜點**：烘焙甜點、飲品。

05／大吉嶺紅茶

印度的高級紅茶，有「紅茶中的香檳」之稱，產地在海拔多在1000～2000公尺的大吉嶺地區。茶色淺，風味獨具個性。名列世界三大紅茶之一。

- **香氣表現**：整體香氣帶有高山冷香、野花芬芳與細緻果香，尾韻乾爽清新。
  春摘：細膩花香、帶有青葡萄與淡草本氣息，口感輕快微澀。
  夏摘：濃郁醇香、果韻濃郁，如麝香葡萄香般的濃郁果香，茶體更飽滿。
  秋摘：深邃醇厚、溫潤木質與熟果乾香，口感柔和圓潤。
- **風味口感**：茶感清爽，口感優雅豐厚。
- **適用甜點**：烘焙甜點、慕斯、飲品。

06／阿薩姆紅茶

印度最具代表性的紅茶之一，以其產地為名稱之。擁有醇厚風味和深濃的茶色、芳醇的香氣。由於味道濃厚，特別適合做成奶茶。

- **香氣表現**：麥芽香、熟果香。
- **風味口感**：濃烈麥芽香、黑糖與焦糖甜香，帶有溫暖木質調與淡淡香料氣息（如肉桂、丁香）。
- **適用甜點**：烘焙甜點、奶茶飲品、巧克力類、焦糖類等。

07／紅玉紅茶

紅玉也就是台茶18號，為台灣特有的品種。因茶湯呈紅潤透亮，而有紅玉紅茶之美名。口感厚實、清爽回甘，具台灣紅茶獨有的標誌性風味，被譽為「台灣紅茶的極品」。

- **香氣表現**：薄荷、肉桂香氣，淡淡木質與甘蔗甜香，冷卻後尤為清晰。
- **風味口感**：味濃甘醇清爽，薄荷清爽、肉桂淡香。
- **適用甜點**：蛋糕體、慕斯、餅乾、巧克力類、冰品。

08／紅烏龍茶

台灣獨特的茶品，最早發展於台東、花蓮地區。結合烏龍茶的「半發酵」與紅茶的「全發酵」製程技術，發酵度高達70～80%，外觀條索緊結、色澤呈深褐帶紅。因宛如紅茶般的橙紅色的茶湯，故有紅烏龍之稱。

- **香氣表現**：果乾香（蜜李、葡萄乾）、焦糖與焙火蜜香，帶微微花香。
- **風味口感**：重焙茶韻帶焙香與果香層次。
- **適用甜點**：風味濃郁的甜點、飲品、慕斯類、烘焙甜點、焦糖類。

阿里山高山茶　　文山包種茶　　鐵觀音茶　　四季春茶

四果茶　　茉莉綠茶　　蕎麥茶　　貴妃烏龍茶

09／貴妃烏龍茶

源自台灣中部（南投、苗栗）山區，其特色是經由小綠葉蟬（茶小綠葉蟬，Jacobiasca formosana）叮咬產生著涎現象，造就獨特的「蜜香反應」。

外觀條索緊結捲曲，色澤深褐帶紅。茶湯色澄紅琥珀，介於烏龍與紅茶之間。因製程繁複、產量稀少，香氣極具辨識度，被譽為「東方美人」的姊妹茶。

- 香氣表現：濃烈蜜香與熟果香（熟李、蜜柑）、花香（野薑花、桂花），並帶有柔和木質與焦糖氣息。
- 風味口感：帶有蜜味熟果香。
- 適用甜點：蛋糕體、餅乾、慕斯等。

10／阿里山高山茶

產於台灣嘉義縣阿里山海拔1000～1600公尺的茶區，高山日夜溫差大、雲霧繚繞，促使茶樹生長趨緩，芽葉細嫩、內含豐富物質。

屬於半發酵烏龍茶，茶湯金黃透亮，質地醇厚卻不苦澀，以「高山冷香」和「喉韻悠長」著稱，是台灣高山茶的代表之一。

- 香氣表現：香氣清雅，帶有高雅花香（百合、梔子花）、熟果香與淡雅奶香，冷泡時花果香氣更為清透。
- 風味口感：滋味甘醇，香氣濃郁持久，帶有獨特的高山茶韻。
- 適用甜點：蛋糕體、慕斯、冰品。

11 / 鐵觀音茶

半發酵的烏龍茶，源自清代安溪，因獨特的茶樹品種（鐵觀音種）與製茶工藝而得名。鐵觀音引入台灣後，主要栽種於南投、木柵等地，並隨產地的風土性及製茶工藝，發展出清香型與炭焙型等不同類型的風味。

- **香氣表現**：重焙款帶有炭焙、焦糖、堅果、木質香；清香款則有蘭花、果香與輕蜜香
- **風味口感**：滋味醇厚，口感溫潤醇厚。
- **適用甜點**：烘焙甜點、慕斯、巧克力等。

12 / 四季春茶

四季春茶為台灣特有且重要的茶樹品種。茶樹適應性佳，四季皆能穩定採收，產量高，以其獨特清爽的口感和濃郁的花香聞名。

- **香氣表現**：清新高揚的花香、厚實茶韻、微青草與青果香。
- **風味口感**：淡雅花香、烏龍茶茶韻，尾韻清甜。
- **適用甜點**：適合搭配其他風味堆疊製作，蛋糕體、茶凍、冰品。

13 / 文山包種茶

文山包種茶是台灣北部（新北坪林、石碇一帶）最具代表性的輕發酵烏龍茶。外觀條索狀卷曲，茶湯色澄清金黃，滋味清新淡雅。因發酵度僅約8～12%，比一般烏龍更接近綠茶，但口感較柔和，花香細膩突出，為「花香型烏龍茶」的經典代表。

- **香氣表現**：清香中帶有幽雅淡花香。
- **風味口感**：淡花香、滋味甘醇滑順。
- **適用甜點**：清新茶感甜點、蛋糕體、慕斯、果凍。

14 / 茉莉綠茶

茉莉綠茶是以綠茶為基底，經「窨花」工藝反覆與新鮮茉莉花堆疊，使茶葉充分吸附花香製成。茶湯清澈明亮，兼具花香與茶韻。

- **香氣表現**：茉莉花香、淡雅清香。
- **風味口感**：清甜柔和、清爽回甘，帶有花香的層次。
- **適用甜點**：特別適合花香風味甜點，烘焙甜點、慕斯、果凍、冰品。

15 / 四果茶

四果茶為英國百年茶品牌唐寧（Twinings）的經典花果茶系列。以紅茶或草本茶為基底，調和四種紅色水果風味，呈現鮮明果香與繽紛色澤。茶湯呈亮紅色。

- **香氣表現**：草莓與覆盆子的甜香主導，伴隨黑醋栗的酸感與櫻桃的圓潤芬芳，整體果香馥郁濃烈。
- **風味口感**：酸甜平衡、清新活潑，果酸清爽，帶少許花果融合的甜潤感，色澤鮮豔且氣味誘人。
- **適用甜點**：烘焙甜點、冰品、慕斯、茶凍、巧克力。

16 / 蕎麥茶

台灣蕎麥茶以苦蕎（又稱韃靼蕎麥）或甜蕎為原料，經低溫炒焙熟化製成，香味獨特，屬於「穀物茶」而非茶樹茶葉製品，不含咖啡因。茶湯呈金黃透亮，口感溫潤厚實。

- **香氣表現**：濃郁炒米香、麥芽香、堅果氣息，伴隨淡淡焦糖香。
- **風味口感**：溫潤順口、無澀感，帶自然甜潤與穀物厚實感，餘韻帶微堅果回甘。
- **適用甜點**：烘焙甜點、冰淇淋、慕斯、奶凍、和菓子。

17 / 東方美人茶

東方美人茶也稱椪風茶、蜒仔茶、福壽茶，又因茶芽白毫顯著又名白毫烏龍茶。其中又以蜜香濃郁、熟果氣息飽滿為最大特色。

- 香氣表現：熟果香、蜂蜜香、甜花香層次分明。
- 風味口感：天然蜜香，滋味醇厚。
- 適用甜點：蛋糕體、餅乾、慕斯等。

18 / 百香包種茶

百香包種茶是台灣茶界的創新調味茶，以文山包種茶為基底，再以天然果香（特別是百香果香氣）調製而成。融合了包種茶的清雅花香與熱帶水果的鮮活酸甜。

- 香氣表現：百香果香氣、淡雅花香柑橘皮清香。
- 風味口感：濃郁百香果香、淡雅花香、尾韻清爽。
- 適用甜點：果香系列甜點、蛋糕體、茶凍、布丁、慕斯、乳酪。

19 / 炭焙烏龍茶

以長時間低溫反覆炭焙，去除茶葉的青澀、凝縮茶韻，帶有溫潤厚實的口感和穩定的香氣。茶湯呈深琥珀或紅褐色。茶性穩定，耐於存放。

- 香氣表現：濃郁的炭燻香、焦糖香、老木香、微堅果氣息，伴隨甘蔗般的清甜回韻。
- 風味口感：香氣濃郁帶熟果香、醇厚，具有層次感。
- 適用甜點：蛋糕體、餅乾、慕斯、飲品、乳酪類、堅果類等。

20 / 抹茶

抹茶是使用「碾茶」（Tencha）的綠茶葉製成，這些茶葉在生長期間會經過覆下栽培，減少茶樹的光合作用，以增加茶氨酸與葉綠素含量，賦予抹茶特有的甘鮮與翠綠色澤。

- 香氣表現：海苔、嫩葉、蒸青草香，伴隨淡淡奶香與堅果氣息。
- 風味口感：入口濃稠厚實，鮮味突出，甘苦交織，尾韻清新帶回甘。
- 適用甜點：特別適合抹茶主題甜點、常溫茶點、乳酪、巧克力、蛋糕體、冰品、飲品、和菓子。

21 / 焙茶

焙茶起源於日本京都，是將煎茶、番茶或莖茶，以高溫焙炒而成。因高溫焙製去除了部分咖啡因與茶多酚，苦澀味降低，帶有特的烘焙香氣，口感溫潤柔和。

- 香氣表現：炒米香、焦糖香、穀物與烘烤堅果氣息，帶些許木質與煙燻感。
- 風味口感：保有原味茶香氣，順口溫香，無澀味，尾韻帶甘甜。
- 適用甜點：烘焙甜點、冰品、慕斯、布丁、奶凍、巧克力、和菓子。

22 / 綠茶

未經發酵的茶，保留了大量的兒茶素，茶感清新鮮爽，帶有綠色植物的草本香調。

- 香氣表現：鮮嫩草本、青豆、嫩葉香，部分帶有栗香或海苔氣息。
- 風味口感：清湯綠葉，味道清爽，風味甘甜回潤，尾韻清新乾淨。
- 適用甜點：烘焙甜點、蛋糕體、果凍、奶凍。

23/ 和風煎茶

日本最具代表性的綠茶，採收後以蒸青法來抑制茶葉發酵，保留茶葉的翠綠色澤與甘甜鮮味。依據蒸青時間不同，又分為淺蒸（淺綠色、香氣清透）、深蒸（茶色濃厚、滋味圓潤）兩大類。

- **香氣表現**：新鮮青草香、嫩葉香、海苔氣息，帶有清蒸青菜的甘潤香調。
- **風味口感**：入口清爽鮮活，帶有輕微澀感與鮮明的滋味，回甘明快，喉韻清涼，淺蒸煎茶風味輕盈細膩，深蒸煎茶則茶湯濃稠、口感更厚實。
- **適用甜點**：烘焙甜點、和菓子、果凍、奶凍、慕斯。

24/ 金萱茶

也就是「台茶12號」，由台灣茶葉改良場培育的新品種，以高產量、耐病蟲害與獨特香氣著稱。茶湯呈淡金黃色，質地滑順柔和，帶有「奶香」與「奶油糖香」，因此常被暱稱為「奶香烏龍」。熱泡或冷泡皆宜，香氣清爽而不膩。

- **香氣表現**：鮮明奶油香、牛奶糖氣息，並帶有淡淡花草香（如梔子花、野百合），有時伴隨熟果甜香。
- **風味口感**：茶體圓潤順口、入口滑順，帶輕甜感，無明顯苦澀。尾韻清爽回甘。
- **適用甜點**：風味溫和，特別適合用於奶香搭配、乳製品類、蛋糕體、冰品。

製作甜點的工具

Basic Tools

製作甜點的工具種類很多，每種器具各自有其用途，這裡就都會使用的共通器具說明。

01
手持式調理棒、均質機

製作甘納許，或將材料均勻乳化時所使用的工具。進行材料乳化時，必須將調理棒完整置入材料裡，避免空氣拌入。

02
擀麵棍

用來擀壓、整平麵團，使麵團延展成厚度均勻的片狀，以利後續整形操作。擀壓麵團時，可添加少量的高筋麵粉作手粉，避免沾黏。

03
矽膠墊／烘焙紙

矽膠墊與烘焙紙不一樣，可以清洗並且重複使用。能均勻傳導烤箱熱度，麵團保水效果較一般烘焙紙好。

04
擠花袋＆花嘴

有拋棄式的塑膠擠花袋,可清洗重複使用的擠花袋。將填充物放入擠花袋裡,即可將內容物裝入烤模內,或搭配花嘴擠出各式造型。

05
刷子

有軟毛與矽膠的材質,軟毛刷較平均,矽膠材質不易掉毛好清理,用於烤盤刷油、塗刷糖漿或在麵團表面塗刷蛋液。使用後需清洗乾淨並晾乾。

06
桌上型攪拌機

攪拌麵團、麵糊或打發時使用。球狀攪拌器可用來打發蛋液、蛋白,槳狀攪拌器可用來攪拌麵糊、塔及餅乾麵團,較硬的麵團則以勾狀攪拌器。

07
篩網

用來過篩粉類材料中的顆粒,去除結塊或過濾液體的雜質、氣泡,使製品的質地均勻。

08
橡皮刮刀

用在混合材料並將容器邊緣材料刮乾淨。最好選用軟硬適中的材質較不易刮傷容器塗層。

09
抹刀

用來塗抹內餡。抹刀分為平行狀態的抹刀,以及略微彎曲的L字形抹刀。

10
打蛋器

用來打發或攪拌混合材料使用的工具。打蛋器鋼線間距較密的打發效果較好。

11
小煮鍋

用來加熱鮮奶、熬煮糖漿或拌煮餡料使用。

12
刮板

以切拌法將粉類與奶油混合均勻,切割麵團,或將麵團或麵糊整平時使用。

13
鋼盆／可微波玻璃碗

用於攪拌、混合或盛放材料,有不鏽鋼、玻璃等材質,其中以鋼盆最為廣泛使用。使用大小適合的容器操作較有效率。

14
電子（紅外線）溫度計

電子溫度計具有探針,能測量食材內部分的溫度。紅外線溫度計不碰觸材料即可測量表面的溫度。

15
電子秤

與量杯或量匙相比,電子秤可更準確的計量材料的份量,建議使用能精確測量至1g單位的電子秤。

16
壓麵機

將麵團擀壓薄狀的機器,有調整設定的裝置,用於麵團厚度的延展,調整至適合的厚度。

17
烤箱

烤箱的種類大致可分為層式、旋風烤箱。層式烤箱的蓄熱性高,可讓麵糊內外受熱均勻,適合較深烤模。旋風烤箱是透過風扇讓熱風於烤箱內循環烘烤,從麵糊的表面開始導熱,適合蛋白餅、小西餅等。本書內容若無另外標示旋風烤箱溫度與時間,就是以分層式烤箱。

基本使用的材料

為了打造理想中的口感與味道，會添加各種食材，這裡就主要代表性的材料說明其功用。

01
麵粉

依蛋白質含量的不同，可分為高筋、中筋、低筋，其中又以蛋白質含量低，不易產生黏度出筋的低筋麵粉，廣用於西點蛋糕。

02
杏仁粉

由杏仁研磨成的粉末，有含外皮與去除外皮的分別。杏仁香氣濃郁飽滿，添加於製品中，能增添濕潤鬆軟的口感，以及濃郁的堅果香氣。

03
榛果粉（帶皮、脫皮）

由榛果磨製成的細粉末，保有天然的油脂與香氣。烘焙糕點時，在麵粉中添加適量的榛果粉，能呈現出堅果的獨特風味。

04
50%杏仁膏

50%泛指杏仁粉在杏仁膏原料裡的占比，也就是杏仁粉與糖粉以1:1研磨製成。常使用於蛋糕、餅乾的製作，或甜點的內餡。

05
雞蛋

蛋黃中的卵磷脂可乳化水分與油脂，能讓麵團在烘烤時膨脹並呈現金黃色澤。蛋白帶黏稠度、具發泡性，打發後會產生大量氣泡使糕點膨脹。

06
無鹽奶油、片狀奶油

從牛奶中分離，結合乳脂肪且未加鹽分而成的油脂。製作點心多使用無鹽奶油。片狀奶油應用於反折千層派皮類。

07
法國麵粉T55

法國麵粉T55的灰分含量在0.5～0.6%之間，可應用在可頌、千層等酥皮類的烘焙製品。書中因應甜點的特性，分別使用了布爾喬亞石磨坊麵粉T55，以及適合法式甜點及酥脆派皮專用的布爾喬亞石磨麵粉T55（派皮專用）。

08
鮮奶、鮮奶油

牛奶經遠心分離後，可分離出乳脂肪與脫脂乳，利用乳脂肪濃縮製成的即為鮮奶油。一般烘焙製作中，多使用乳脂肪含量約35%；為突顯製品的特色，部分有使用到40%生乳鮮奶油。

09
太白胡麻油

以白芝麻低溫壓榨，未經烘烤，沒有特殊氣味和顏色，不會有一般芝麻油特有的香氣，很適合糕點的製作。可使用一般的葡萄籽油代替。

10
細砂糖

純度最高的純蔗糖結晶，有粗粒與細粒的分別，用於糕點製作時，建議使用細粒易溶解。

11
細蔗糖

顆粒細膩，口感柔和，香氣類似細二砂糖的蔗香，適合各式甜點，搭配茶類更顯風味。

12
細二砂糖

又稱黃糖、赤砂，是未經脫色程序精製成含有更多礦物質，保留甘蔗原有風味。

13
三溫糖

純蔗糖結晶後殘留的糖液；因製程加熱產生焦糖化的關係，呈淺黃褐色具獨特焦香甜味。

14
海藻糖

味道溫和，可替代部分糖來降低甜度。但不易上色，較適搭配砂糖使用。

15
糖粉、防潮糖粉

砂糖研磨製成可分為純糖粉，以及添加其他修飾澱粉防潮糖粉；防潮糖粉多用於裝飾。

16
香草莢醬

萃取自香草莢，帶有濃郁香氣，主要的功能為增加香氣及去蛋腥味。

17
蜂蜜

能增加甜度風味，讓甜點的風味更有深度與層次，還有讓糕點保持濕潤柔軟的效果。

18
轉化糖

由蔗糖水解而成的糖漿。不易結晶化、具保濕性，可提升製品的濕潤度及減緩老化。

19
葡萄糖漿

由澱粉水解而形成，甜度比砂糖低，不易結晶，具抗結性、保濕及延緩老化效果。

20
鹽、鹽之花

鹽不只能調味，也可突顯其他食材的味道，讓食材之間的味道能達到平衡。

21
玉米粉

從玉米提煉出來的澱粉無筋性，具凝固性，可幫助麵糊聚合，主要為增稠作用。

22
泡打粉

用於烘焙的膨脹劑，使用時最好與其他粉類一同過篩。少量的泡打粉就有明顯的效果。

23
吉利丁粉

動物性膠原蛋白製成，具加熱融化、冷卻凝固的特性；能幫助液態物質變得濃稠的效果。

24
NH果膠粉

從水果中提取的果膠加工製成，具有凝膠、增稠作用。必須先與砂糖混合後再使用。

25
水果果泥

結合冷凍技術，將季節性的水果製成果泥，不僅保有天然風味，也確保了品質和口感的穩定性。

26
黑糖

精煉程度較低含有豐富的礦物質，風味濃郁帶有糖蜜香氣。

堅果類

堅果具有獨特的香氣與口感，能增添製品的風味與口感。依據製品的風味特性，有些使用前先焙烤過，香氣會更濃郁、層次更豐富。

- **使用重點**：配方中使用的堅果，如果沒有特別的標明，用的都是烤熟的堅果。堅果類的烘烤，一般是以上下火150℃，烘烤約8～10分鐘左右，不同的堅果以及份量多寡，烘烤所需的時間會有差異，應視實際的烤色判斷延長或縮短。烘烤途中需要翻動，避免烤焦。

果乾類

濃縮了水果的甜味與香氣，能為甜點提味，增添口感。書中主要使用的有草莓乾、無花果乾、蔓越莓乾、煙燻桂圓乾等。

- **使用重點**：添加果乾能增加咀嚼口感，果乾使用前可先與利口酒浸泡，可為甜點增添獨特風味。

巧克力

巧克力的味道因其成分與可可含量的不同而有所變化。每種巧克力的風味、口感和成分比例不同，各有不同的特色與用途。

- **使用重點**：為避免加熱過度，可使用隔水加熱或微波加熱的方式。隔水加熱就是將放入材料（如巧克力、奶油）的容器底部泡在裝熱水的鋼盆中，藉由間接加熱使材料融化。

抹醬果醬

將烘烤過的堅果磨成泥狀調製而成，常見的有開心果醬、榛果醬、栗子泥等。果醬可用於夾層、裝飾，或做成淋醬使用。

- **使用重點**：常作為鏡面使用的有杏桃果膠、莓果類的果醬，在糕點表面塗刷果膠不僅能增添風味，還有防止乾燥的作用。而因為是在表面形成薄膜的包覆用途，所以需要調製到適合的濃稠度。

酒類

與香料、鹽一樣，適度的添加酒類可提升甜點的香氣與風味。在茶甜點中，合宜濃度的酒，能作為甜點的隱味，提升香氣；能平衡茶的苦澀，帶出細膩而深邃的層次風味。

- **使用重點**：酒類不只能直接添加在麵糊裡，還能用來浸泡果乾，帶出豐富風味。另外，以對應或基底原料相似的酒類或酒糖液塗刷蛋糕表面，則能完美的提引風味，例如在東方美人歐培拉的蛋糕上塗刷東方美人酒糖液，可為蛋糕大大提升香氣層次。

茶香甜點的製作重點技巧

茶香深邃、韻味獨特，茶除了品茗、入食，更可以應用在甜點中，
為甜點增添優雅的風味與變化性。這裡將就茶的使用特色說明，
讓您掌握茶融入甜點的製作訣竅，做出風味平衡、層次豐富的茶甜點。

茶香甜點的4大重點

茶甜點的靈魂在於茶葉的香氣。茶的香氣、色澤與風味，能突顯甜點的特色，讓甜點的風味層次更升級。由於茶葉的種類繁多，且各自都有獨特的風味和口感，必須以適合的風味來搭配，才能相互烘托提升特質，達到平衡而的整體感。

Tea/01 搭配的基本原則

茶與甜點有各自的口感與屬性，以茶入味搭配時，需以呼應於甜點的風味來選擇使用的茶類型。然而，要如何搭配與使用，才能引出茶的香氣風味並完美融合於甜點中？最簡單且不容易出錯的方法，就是掌握風味相似的原則。舉例來說，以清爽的搭配清爽的，像是戚風蛋糕、蛋糕捲、水果夾心蛋糕等風味清爽或蓬鬆、輕盈富空氣感的甜點，就很適合搭配輕發酵、細緻清爽的茶類；濃醇的搭配醇厚的類型，例如堅實、風味濃郁的甜點，就適合搭配風味飽滿的茶類；果韻風味相應水果系列甜點，焙火風味相應堅果、奶油乳酪濃郁風味甜點等等。透過風味相近的搭配或疊加，不容易出錯，還能堆疊出細膩、有深度的豐富層次。

Tea/02 茶風味，這樣搭配

❧ 紅茶

紅茶因濃厚的口感和獨特的香氣，不論運用在哪種甜點裡，只要嘗過都能了然於心，與甜點可說是絕配的組合。紅茶的味道濃郁醇厚、香氣獨特，與溫和的鮮奶、乳製品非常的合拍，只要把茶葉浸泡或燜煮，讓茶葉的香氣釋放融入於鮮奶或茶液，再加進麵糊裡，就能明顯感受到紅茶的特有香氣。再者，紅茶的馥郁香氣較持久不易消散，無論是加熱或冷藏，香氣都能保留下來，能讓人感受到迷人的茶香；而且紅茶與檸檬、柳橙、葡萄柚等柑橘類水果特別對味，尤其是伯爵茶，可享受到多種柑橘水果香氣。

❧ 青茶

烏龍茶也被稱為青茶，它擁有綠茶的清香與紅茶的醇厚，特色是帶有發酵過的深沉香氣，與蛋、奶油、水果等材料都很搭。此外，書中還有利用梅酒與烏龍茶的結合，將重發酵的東方美人茶搭配東方美人茶梅酒，

這樣的結合不僅保留了東方美人茶的花果蜜香與細緻蜜韻，還融入了梅酒的酸爽醇厚，能讓味道變得沉穩且極富層次。

● 抹茶、綠茶

抹茶的風味濃郁，帶有獨特的甘甜、微苦的口感與鮮奶、鮮奶油、奶油等乳製品，以及巧克力等甜味強烈的材料非常契合。抹茶與其他種類的茶不同，是石磨碾磨成的細茶粉，不需要熬煮就能直接使用。

以抹茶或綠茶搭配的風味甜點，特別能顯現出獨特的清新香氣，用來製作甜點是最適合不過了。使用上粉末比茶葉的風味表現更好。另外要注意的是，顆粒細緻的抹茶使用前一定要過篩，沒過篩容易有結粒，這樣攪拌時會不容易與麵糊融合均勻，就會有味道不均的問題。攪拌混合時與其他粉類混合過篩或先和液態油脂拌勻再加進麵糊裡，則能有利於麵糊的融合。

焙茶的獨特香氣能與蛋的風味形成互補，使整體風味豐富、更具層次。由於烘茶是經過高溫烘焙，具有濃厚的香氣且幾乎沒有苦澀味，特別適合搭配以蛋為主材料的製品，如卡士達醬、布丁等。

● 其他

茉莉花茶帶有細膩的花朵香氣，使用上只要讓香氣融入到奶油、鮮奶或巧克力中就能有明顯的風味效果。花茶獨特的香氣與口感，能提升甜點的風味層次。

Tea/03　與茶對味的材料

茶與甜點材料中的乳製品、水果、巧克力、香料等都十分契合，只要運用適宜就能相互輝映，打造出諧調美妙的滋味。

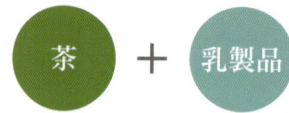

如同奶茶延伸的概念，各式乳製品的應用，不管在味道、質地上都有提升的效果。乳製品可以增添滑順口感，能讓味道變得更濃郁且絲滑順口。

鮮奶、鮮奶油、冰淇淋與抹茶和綠茶很搭，能夠讓它們變得更順口，像是綠茶搭配鮮奶，能帶出絲滑的口感。

大部分的茶與水果都很對味。水果所含的寡糖和有機酸，能補足茶所不足的清爽與

茶香深邃、韻味獨特，茶除了品茗、入食，
更可以應用在甜點中，
為甜點增添優雅的風味與變化性。

新鮮口感，讓風味更加出色，像是葡萄柚、柳丁、檸檬等柑橘水果就很適合，可搭配果汁、果肉或果泥使用。

葡萄柚的苦澀後勁，不只與紅茶很搭，與綠茶的苦澀味也很合拍，兩者調和一起能呈現出清爽風味。綠茶搭配酸甜口感的水果，則能產生畫龍點睛的作用，味道會更豐富有層次。蘋果隱約的酸澀味，與紅茶結合後，會帶出清爽口感。水蜜桃特有的酸甜香氣與紅茶搭配，能帶出別具的清香氣息。

巧克力、焦糖、蜂蜜等也很適合與茶搭配，茶類在這些材料的加持之下，能更突顯出氣味。

利用口感辛辣的其他香料材料或香甜酒。例如肉桂粉，以及伯爵茶酒、君度橙酒，也很適合用在紅茶風味的甜點中。肉桂粉溫和木質香的獨特氣味，用於輔助具有畫龍點睛之效。

Tea/04　茶風味，這樣應用

茶的種類繁多，口味也五花八門，不同種類的茶，或不同的型態，茶葉、茶包又或茶粉，都能應用在甜點上，為甜點帶來獨特的香氣風味。而除了風味、屬性外，加入的處理方式、用量的多寡都會影響最後製品的香氣與味道。因此，需注意搭配運用，以適宜的方式萃取出茶香味道，才能完美牽引出獨到的茶香風味。

🍃 茶葉、茶包、茶粉的使用

茶有各種不同的型態，常見的有茶葉、茶包和茶粉。茶葉可依據用途研磨細碎，至於粉末狀的茶粉，則可直接使用。

茶葉可以透過磨粉、熱水煮過或燜泡、又或以鮮奶或鮮奶油熬煮等方式，讓茶蘊含的芳醇香氣和風味徹底釋放出來。茶包與茶粉使用上更是方便，直接加進麵糊或與液體材料融解後使用即可。不過，隨著使用的類型及方式的不同，呈現出來的香氣與味道也不盡相同，一般來說，茶粉的味道呈現最濃郁、香氣也最明顯，但在尾韻的展現則比不上茶葉來得柔和及明顯。本書主要使用茶型態有葉茶、茶包和茶粉等，而相應其萃取的運用，主要有下列幾種：

重點1

為了引出茶的風味與香氣，將茶葉用熱水浸泡，讓茶葉在熱水中漲開後萃出茶液再加入材料中使用。由於是讓茶葉先吸收水分，把香氣與味道釋放在茶液裡，因此後續濾出加進鮮奶時，損耗的份量很少，不需要另外補足份量。

泡開茶葉　　　　　濾出茶液

與鮮奶混合

— 30 —

重點2

茶葉混合鮮奶一起加熱熬煮後，濾出茶葉萃取液體使用。這與先泡開茶葉，再混合鮮奶的方法相較，在香氣的呈現上相對的更濃郁、入味。不過，由於是直接與鮮奶熬煮，過程中茶葉大量吸收水分，會有損耗的問題，因此濾出茶葉後必須額外的再補足鮮奶的重量。

重點3

為倍增蕎麥茶的香氣，可用噴火槍先炙燒加熱蕎麥，使其釋出香氣後加進鮮奶裡使其充分釋出香氣；又或將細碎狀的茶葉與鮮奶充分萃取風味。這和單純直接與鮮奶浸煮相較，在風味與色澤都相對出色。

炙燒　　　　　　　加熱熬煮

浸泡　　　　　　　過濾

重點4

細緻的茶粉相較於茶葉或茶包而言，使用上就來得更方便。直接與麵糊混合，就能讓茶的香氣、風味和色澤完全的展現出來。

重點5

使用茶葉或利用磨粉機磨碎後，放入煮沸的熱水中，加蓋燜蒸，萃取茶液。或者加入鮮奶或鮮奶油一起熬煮。

重點6

可將茶粉與油脂或是打散的蛋液先混合均勻，再與其他材料攪拌製作，用這樣的方式，不僅融合的效果較好，且藉由與油脂的吸附性，風味的展現也更好。

茶香甜點的製作技巧

攪拌是製作甜點的一大重點,關係著最終成品的質地、口感和外觀。
掌握不同的攪拌方式,讓你輕鬆做出口感絕佳的茶香風味甜點。

技巧1　用橡皮刮刀從底部翻起

此種方式攪拌較不會破壞麵糊中的氣泡,能保留麵糊中的空氣,讓攪拌後的麵糊維持蓬鬆,適用於蓬鬆、輕盈的麵糊。

- **適用**:戚風蛋糕、蛋糕捲等。
- **技巧**:用刮刀,使刀面朝向斜上方,插入麵糊底部,然後將麵糊從底部翻起,並輕輕向上翻拌,如此反覆操作直到材料混合均勻。

技巧2　用橡皮刮刀切拌麵糊

此種方式攪拌能避免麵糊因過度攪拌,導致出筋的情況(質地會變得紮實、粗糙,失去應有的綿密口感),適用於口感蓬鬆的甜點。

- **適用**:蛋糕等。
- **技巧**:用刮刀,使刀面朝向自己,呈弧線方向切割開麵糊,順勢的切拌麵糊。

技巧3　用橡皮刮刀壓拌麵糊

先以切拌法攪拌好餅乾等麵糊,最後用此種攪拌方式將麵糊攪拌至柔順光滑。

- **適用**:餅乾、蛋白餅等。
- **技巧**:用刮刀,使刀面朝下,利用刮刀的彈性,將麵糊往鋼盆裡面按壓。

技巧4　用打蛋器以畫圈的方式攪拌

此種攪拌方式適合用在沒有氣泡的麵糊、氣泡被破壞也沒關係的麵糊，可以很有效率地將材料攪拌混合均勻。

- **適用**：奶油蛋糕。
- **技巧**：用打蛋器，以畫圈的方式，順著相同的方向攪拌。

技巧5　打發全蛋

蛋黃中的卵磷脂能幫助乳化，能與打入的空氣形成乳狀泡沫，打發時會呈現細緻的質地。

- **適用**：海綿蛋糕等。
- **技巧**：打發全蛋時最重要的是掌握溫度，將溫度控制在微溫、不燙手的程度（35〜40℃）能有利於打發。也因此，會將冷藏的雞蛋放置於室溫，使其回復至常溫狀態。若是冷藏雞蛋，可將蛋液隔水加熱至適合的溫度再開始攪打。

OK　表面均勻細緻的淡黃色液體狀，蛋糊能順暢滴落且會呈現如緞帶般的堆疊狀態。

NG　打發過頭時蛋糊，蛋糊會緩慢滴落。

技巧6　乳化

所謂的乳化，是指將油和水完美的混拌均勻的狀態。在製作糕點時，奶油與蛋、巧克力與鮮奶油等混拌，就會需要充分攪拌至乳化滑順。乳化對甜點製作來說非常重要，如果沒有充分乳化，會導致麵糊中的油水分布不均，影響成品的質地、口感。

技巧7　打發蛋白

中性發泡

硬性發泡

此種攪拌方式適用於將蛋白與細砂糖充分打發的攪拌。

- **適用**：分蛋打法的蛋糕，戚風蛋糕、蛋糕捲；打發蛋白的甜點，馬卡龍、達克瓦茲等等。
- **技巧**：蛋白最佳的起泡溫度在18～20℃，此時的穩定性與起泡性最佳，因此進行打發蛋白作業前，可以將蛋白先回溫至適當溫度。此外，砂糖對於蛋白同時具有抑制打發及增加保氣性的作用，利用分次加糖的方式，能使得蛋白霜內的氣泡更穩定，較不易崩塌。

濕性發泡　泡沫細緻，以打蛋器拉起時的彎勾支撐力較弱。
中性發泡　蛋白霜紋路明顯，以打蛋器拉起時會呈彎勾狀。
硬性發泡　以打蛋器拉起時會呈現硬挺的彎勾狀。

技巧8　吉利丁凍

利用事先做好的吉利丁凍，溶解就能直接的使用，方便又快速。書中的吉利丁凍，是將吉利丁粉與水以1:5的比例浸泡（**吉利丁粉：水＝1：5**），讓吉利丁粉吸收水分膨脹後，再用微波或隔水加熱的方式溶化均勻，倒入密封容器，冷藏至凝固（冷藏約可放5～6天），待使用時再取出所需的量，加到材料裡拌勻即可。

○**吉利丁凍、吉利丁如何換算：**

書中配方標示的是「吉利丁凍」，直接使用g數用量。
如果配方中標示的是「吉利丁片」、「吉利丁粉」，可以這樣換算：

舉例1　**吉利丁凍12g，換算成吉利丁粉的用量**

吉利丁凍是由1：5的吉利丁粉和飲用水浸泡還原成吉利丁凍，因此：
吉利丁粉用量12g／6＝2g
水用量為吉利丁粉的5倍，2g×5＝10g

舉例2　**吉利丁粉6g，換算成吉利丁凍的用量**

吉利丁凍用量，6×6＝36g

關於吉利丁

依據凝結力（Bloom）的不同可分為金級（190～210 Bloom）、銀級（150～170 Bloom）；等級越高相對萃取的品質越好，透明度高、腥味低。吉利丁粉、吉利丁片與水的比例需依據標示使用。

BASIC.01 卡士達

將牛奶加入砂糖、蛋黃、麵粉中混合,加熱熬煮成的糕點奶油醬,帶有蛋與牛奶的柔和甜味,以及滑順的口感,是烘焙中最基本的奶油醬,也稱「甜點師奶油醬」。

材料

鮮奶…450g
動物鮮奶油…50g
香草莢…1/2支
蛋黃…125g

Ⓐ 細砂糖…70g
　　海藻糖…30g
Ⓑ 低筋麵粉…15g
　　玉米粉…15g
無鹽奶油…25g

作法

01 香草棒剖開,刮出香草籽。

02 將鮮奶、動物鮮奶油、1/3材料Ⓐ,以及作法①放入鍋中。

03 用中小火加熱至沸騰。

04 另將蛋黃、2/3材料Ⓐ攪拌至微泛白,加入混合過篩的材料Ⓑ攪拌均勻。

05 將作法③沖進作法④中混合拌勻。

06 回煮加熱至沸騰,呈濃稠狀態,離火,最後加入奶油拌勻。

07 用篩網過濾到平盤中,用保鮮膜緊貼表面,放冷凍降溫冷卻後,移置冷藏保存。

BASIC.02 杏仁奶油

以奶油、蛋、杏仁粉及糖為基本材料製作而成,是法式甜點常用到的基本內餡,經常用於烘焙類的糕點,塔類餡料或派搭配使用。

材料

無鹽奶油…150g
▶ 恢復至室溫(20〜24℃)
糖粉…150g
全蛋…120g
▶ 恢復至室溫(30℃)
蘭姆酒…15g
杏仁粉…150g

作法

01 將奶油、糖粉放入攪拌缸,以中速攪拌打至微發、泛白。

02 分幾次慢慢加入全蛋,確實攪拌融合至乳化,加入蘭姆酒拌勻。

03 再加入杏仁粉混合拌勻。

04 用塑膠袋包覆好,冷藏備用。

> 🌿 書中杏仁奶油的延伸應用很多,香橙杏仁奶油P.75;四果茶杏仁奶油P.149;
> 杏仁卡士達餡P.221;金萱茶杏仁奶油P.224;柑橘杏仁奶油P.237;柚子杏仁奶油P.241。

BASIC.03 奶油霜

奶油霜的作法有很多種，這裡介紹的是加入熬煮糖漿的義式蛋白霜作法。特色是飽含空氣、質地細緻，口感清淡爽口，常用於各類甜點，像是達克瓦茲、歐培拉、裝飾奶油等。

材料

無鹽奶油…450g
▶ 恢復至室溫（20～24℃）
蛋白…120g
▶ 恢復至室溫（20℃）
海藻糖…50g
細砂糖…150g
水…70g
鹽…5g

作法

01 細砂糖、海藻糖、水、鹽放入鍋裡，以小火加熱煮至118℃，製作成糖漿。

02 蛋白放入攪拌缸，以中速攪拌打至呈勾角挺立的硬性發泡狀態。

03 將作法①糖漿從攪拌缸的邊緣慢慢的沖入，轉高速持續攪拌，再轉中速攪拌到蛋白霜降溫至35～40℃。

🍃 打到蛋白飽含空氣沒有液態狀態，高溫糖漿沖入才不會變成蛋花。

04 將奶油分幾次加入作法③的義式蛋白霜中，以高速攪拌至乳化滑順的狀態即可。

🍃 完成的義式奶油霜，冷藏約可保存7天。使用前再重新打發至恢復奶油霜滑順的狀態。

BASIC.04　吉利丁凍

吉利丁可事先泡好使用。吉利丁凍（gelatine mass）是將吉利丁粉和水以1:5為比例，讓吉利丁粉與水預先浸泡，使其吸收水分膨脹後，用微波或隔水加熱溶化後冷藏凝固製成。使用時取出所需的量，直接加入材料裡拌溶即可。

材料

吉利丁粉：
飲用水的比例1：5

作法

01 備妥材料。

02 吉利丁粉放入容器裡，加入水。

03 並立即用攪拌器確實的攪拌混合均勻。

04 靜置約5分鐘。

05 使其充分吸足水分膨脹。

06 裝入耐熱容器，微波加熱融化，中途可取出攪拌，再繼續加熱至完全融化。

07 倒入容器，冷卻後即可密封冷藏保存。待使用時，切出取出所需的份量即可。

> 融化吉利丁的溫度為50～60℃，溫度太高會破壞吉利丁的凝結力。製作吉利丁凍或需要融化吉利丁時，建議在此溫度範圍。

TEA

01

濃韻茶香味的
餅乾 & 司康

運用常見的茶類，結合油脂種類狀態及不同手法，
延展出帶有獨特茶香、甜感細膩的美味餅乾。
再搭配能突顯出茶風味的焦糖、水果、堅果等材料，
夾心、鑲嵌重疊不論口感與外觀都顯得別出心裁。

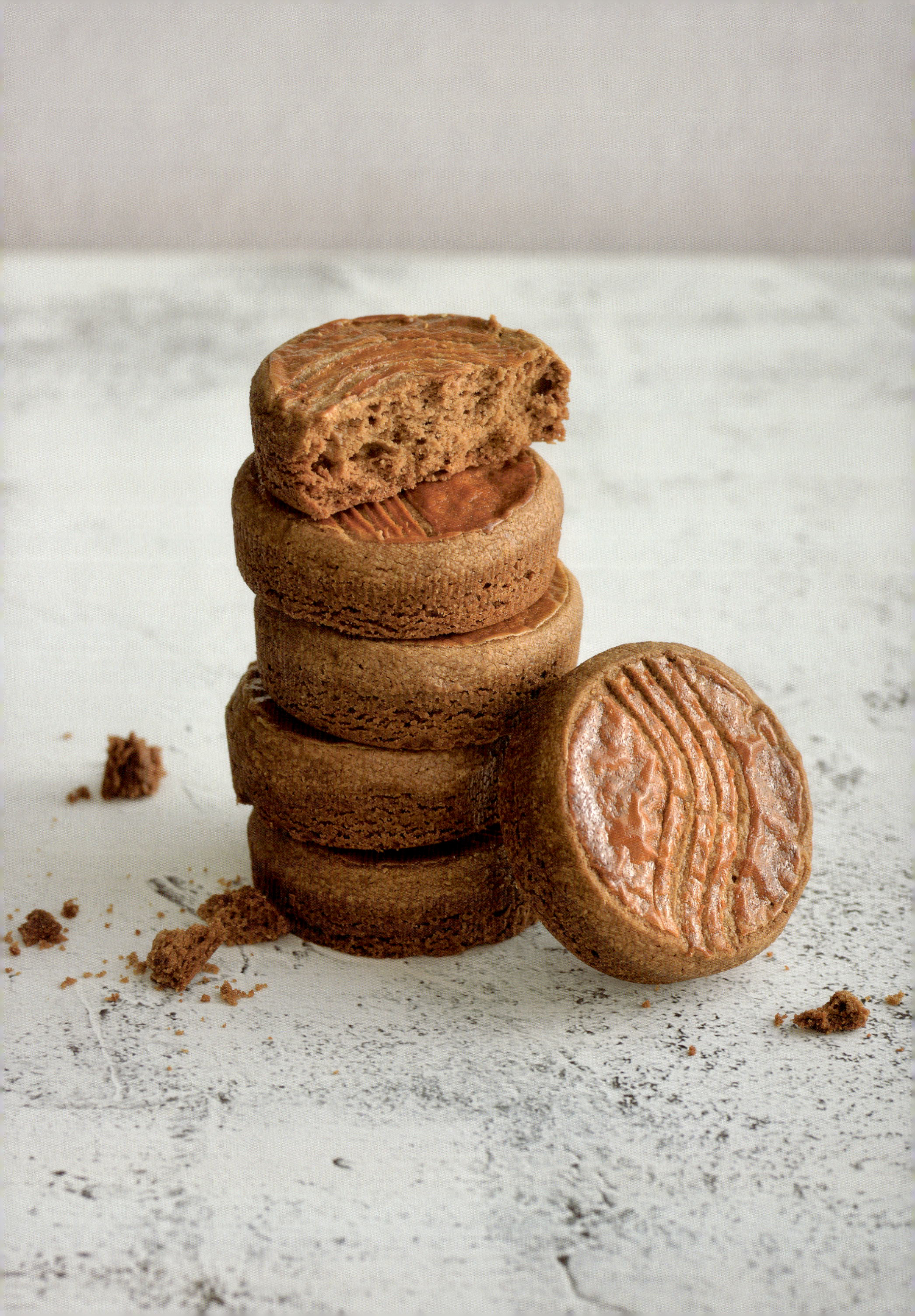

PALET BRETON

東方美人厚酥餅

法式經典奶油酥餅結合台灣茗茶的優雅韻味，東方美人茶的獨特蜜果香，搭配香橙干邑白蘭地，讓圓潤的酒香滲透其中，不僅添加香氣，還讓酥餅的層次更加細膩，展現東西方風味交融的魅力。

東方美人厚酥餅

DATA

- 醇厚度 ── 輕淡 ▇▇▇▇ 濃厚
- 口　感 ── 硬脆 | **酥脆** | 蓬鬆 | 濕潤 | **豐厚紮實**
- 香　氣 ── 清新 ▇▇▇▇ 濃厚

Tea 1 ／ 濃韻茶香味的餅乾＆司康

INGREDIENTS ｜ 材料 ｜

份量／約18個

東方美人厚酥餅

無鹽奶油…210g
　▶ 恢復至室溫
糖粉…120g
蛋黃…30g

Ⓐ 東方美人茶粉…8g
　低筋麵粉…262g
　杏仁粉…30g
　鹽之花…3g
香橙干邑白蘭地…12g

表面用_蛋黃液

蛋黃…20g
鮮奶油…5g
　▶ 拌勻，過篩

METHODS ｜ 作法 ｜

使用模型

01 圓形切模SN3473。

02 圓形鋁箔模。

東方美人厚酥餅

03 室溫軟化的奶油、糖粉放入攪拌缸，以中速攪拌至呈現乳霜狀。

04 分次加入蛋黃攪拌至完全吸收乳化。

\ Texture / →攪拌到這樣的狀態

05 加入過篩的材料Ⓐ攪拌混合均勻至無粉粒，加入香橙干邑白蘭地拌勻。

\ Texture / →攪拌到這樣的狀態

06 將麵團用保鮮膜包覆，稍壓平整，放冷藏一晚。

07 （圓形切模SN3473）從冷藏取出麵團，用擀麵棍擀壓成厚度1.5cm，用直徑5.5cm圓形圈模壓成圓片。

08 表面薄刷蛋黃液，冷藏風乾表面，再塗刷蛋黃液後，用叉子在表面劃上紋路。

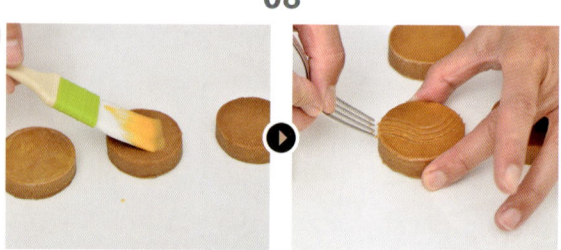

🍫 冷藏稍風乾，表面的紋路才會清晰。

09 將作法⑧放入直徑6cm鋁箔模中。用旋風烤箱，以145℃烤50分鐘至呈現金黃色。

SABLE BRETON
鐵觀音桂花薄酥餅

SABLÉ BRETON

鐵觀音桂花薄酥餅

利用鮮奶萃取細膩的桂花香氣，融入鐵觀音茶粉製作；
以鐵觀音的醇厚搭配淡淡的花香，營造出恬淡宜人的風味層次，口感溫潤飽滿，
入口香氣回韻，每一口都散發著底蘊厚實的滋味。

鐵觀音桂花酥餅　　　　　　　　　　　乾燥桂花

DATA

- 醇厚度 —— 輕淡 ▮▮▮ 濃厚
- 口　感 —— 硬脆｜**酥脆**｜蓬鬆｜濕潤｜豐厚紮實
- 香　氣 —— 清新 ▮▮▮ 濃厚

INGREDIENTS ｜ 材料 ｜　　　　　　　份量／約60個

鐵觀音桂花酥餅

鮮奶…50g
乾燥桂花…2.5g
無鹽奶油…120g
三溫糖…120g
鹽…0.5g
鐵觀音茶粉…2g

Ⓐ
低筋麵粉…235g
杏仁粉…35g
泡打粉…2.5g

表面用_蛋黃液

蛋黃…20g
鮮奶油…5g
▶ 拌勻，過篩

METHODS ｜ 作法 ｜

使用模型

01 葉形壓切模，長8×直徑4.5cm。

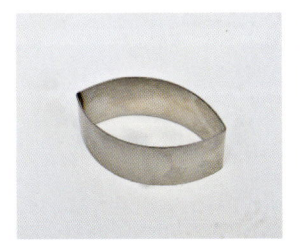

鐵觀音桂花酥餅

02 **桂花鮮奶**。鮮奶放入鍋中，以中小火加熱至70℃，關火，加入桂花，蓋上鍋蓋，浸泡10分鐘，萃取桂花香氣。用篩網過濾出桂花，重新加入鮮奶（份量外）使重量達到50g，放涼備用。

> 浸泡桂花的溫度不宜太高會有苦味。經過加熱萃取後，份量會減少，要再加回鮮奶補足重量。

03 奶油、三溫糖放入攪拌缸，以中速攪拌至呈現乳霜狀。

04 加入鐵觀音茶粉、鹽混合拌勻。

05 再加入混合過篩的材料Ⓐ混拌均勻。

06 接著倒入作法②的桂花鮮奶混合攪拌成團，用保鮮膜包覆，放冷藏一晚。

07 從冷藏取出麵團，擀壓成厚度3mm，用葉形切模壓出造型，呈間距排放烤盤上，表面薄刷蛋黃液。

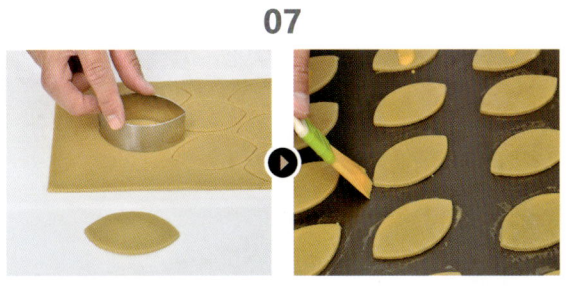

08 用旋風烤箱，以150℃烤12分鐘至呈現金黃色，撒上乾燥桂花。

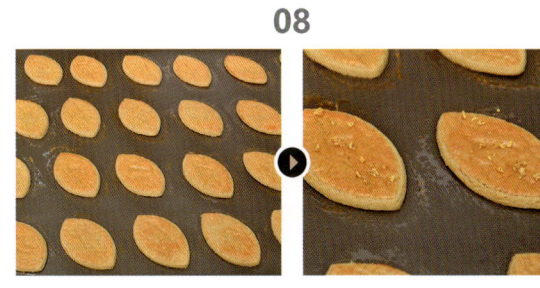

Tea 1　濃韻茶香味的餅乾&司康

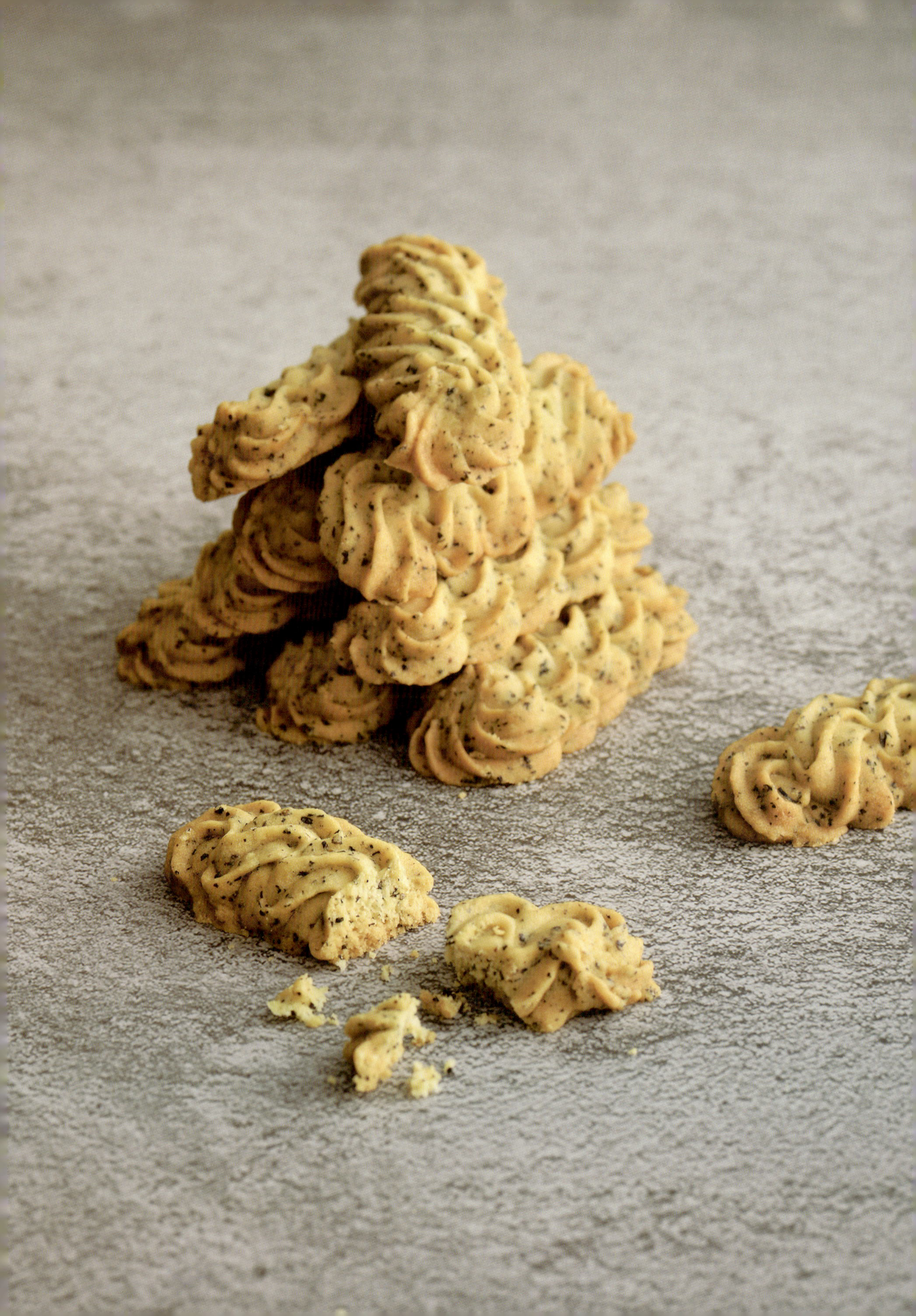

SABLÉ VIENNOIS

四果茶維也納酥餅

麵糊裡添加酸甜爽口風味的四果茶，漿果的酸甜與茶韻層層交織，
帶出優雅果香與細膩風味，簡單以鋸齒花嘴擠花，輕薄又酥脆，口感細緻高雅的餅乾。

四果茶維也納酥餅

DATA

- **醇厚度** —— 輕淡 ▰▰▱▱▱ 濃厚
- **口　感** —— 硬脆 | **酥脆** | 蓬鬆 | 濕潤 | 豐厚紮實
- **香　氣** —— 清新 ▰▰▱▱ 濃厚

Tea 1　濃韻茶香味的餅乾＆司康

INGREDIENTS ｜ 材料 ｜　　　份量／約40個

四果茶維也納酥餅

無鹽奶油⋯110g　　四果茶包⋯9g
糖粉⋯45g　　　　蛋白⋯26g
鹽⋯0.2g　　　　　低筋麵粉⋯135g

METHODS | 作法 |

四果茶維也納酥餅

01 奶油、糖粉、鹽放入攪拌缸，以中速攪拌均勻至呈乳霜狀。

02 加入四果茶粉混合攪拌。

> 這裡的四果茶粉是取自茶包裡的粉碎狀茶粉，利用細碎狀的茶葉粉質帶出顆粒般的色澤感。

03 分幾次加入蛋白，每次加入都要確實攪拌，再加入下一次的蛋白攪拌至完全融合。

\ Texture / 
→攪拌到融合的狀態

04 加入過篩的低筋麵粉攪拌均勻至無粉粒。

05 將擠花袋（8齒花嘴）口，套在量杯裡固定，再填入麵糊。

06 將擠花袋以連續繞圈的方式擠成5.5cm長條狀。

（8齒花嘴 SN7094）

07 用旋風烤箱，以150℃烤25分鐘至呈現金黃色。

08 完成四果茶維也納酥餅。

COOKIES

開心果綠茶夾心酥

COOKIES

開心果綠茶夾心酥

綠茶的細緻茶香加上表層醇厚的堅果,打造獨具特色的口感風味;
中間加入櫻桃果醬夾層,酸甜果香滲入茶韻,每一口都是優雅平衡的味覺對話。

櫻桃果醬
開心果綠茶餅乾
開心果碎

DATA

・**醇厚度** ── 輕淡 ▮▮▯▯▯ 濃厚
・**口　感** ── 硬脆 ｜**酥脆**｜**蓬鬆**｜濕潤｜豐厚紮實
・**香　氣** ── 清新 ▮▮▯▯▯ 濃厚

INGREDIENTS ｜ 材料 ｜　　　份量／約35組

開心果綠茶餅乾

無鹽奶油…45g
糖粉…45g
蛋白…50g
綠茶粉…5g
Ⓐ｜杏仁粉…45g
　｜高筋麵粉…30g

櫻桃果醬

櫻桃果泥…100g
Ⓑ｜細砂糖…45g
　｜NH果膠粉…1.6g
檸檬汁…5g

表面用

開心果碎…100g

METHODS ｜ 作法 ｜

開心果綠茶餅乾

01 奶油、糖粉放入攪拌缸，以中速攪拌均勻至呈現乳霜狀。

02 加入綠茶粉先混合攪拌均勻。

03 分幾次加入蛋白，每次加入都要確實攪拌，再加入下一次的蛋白攪拌至完全融合。

04 加入過篩的材料Ⓐ攪拌均勻至無粉粒。

05 擠花袋（平口花嘴）填入麵糊，由中心往外，擠出直徑2.5cm的圓形麵糊。（平口花嘴 SN7066）

06 表面撒滿開心果碎，傾斜烤盤，使開心果碎均勻沾覆，並倒掉多餘的部分。

　沾覆堅果時，注意不要讓麵糊變形。

07 用旋風烤箱，以140℃烤28分鐘（**低溫烘烤才能保持茶的翠綠色澤**）。

櫻桃果醬

08 櫻桃果泥放入鍋裡，以中小火加熱至40℃。

09 加入事先混合均勻的材料Ⓑ，邊加熱邊攪拌均勻至融化。

10 轉中火，拌煮2分鐘至濃稠，離火，加入檸檬汁拌勻倒入平盤，保鮮膜緊貼覆蓋，待冷卻。

組合完工

11 兩片餅乾為組合，中間夾入櫻桃果醬即可。

Tea 1 ｜ 濃韻茶香味的餅乾&司康

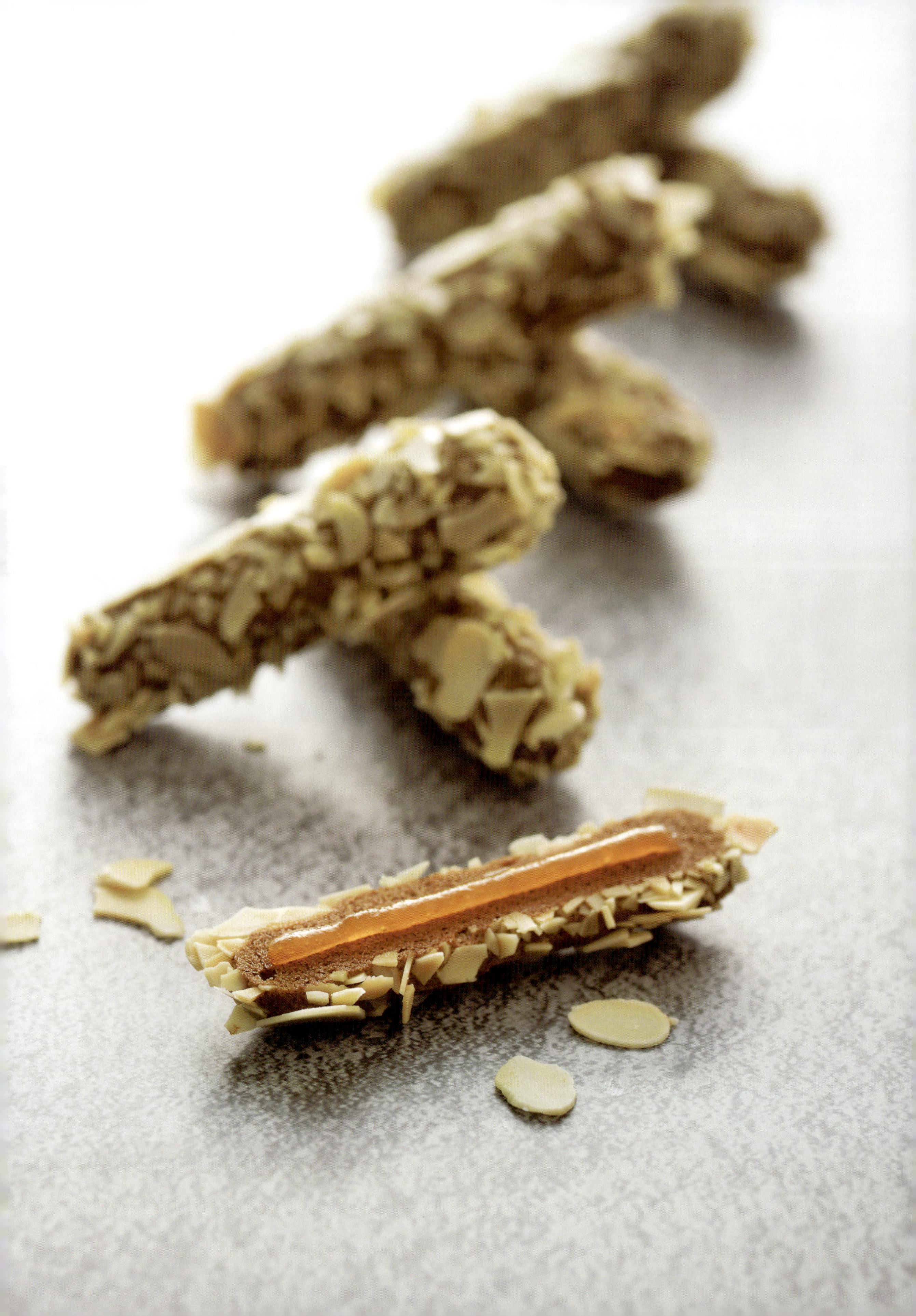

COOKIES

蜜香杏仁夾心酥

紅茶香氣溫潤深邃，杏仁增添細膩堅果風味，杏桃果醬輕盈點亮茶韻，交織出和諧雅致的層次。小巧優雅的外型搭配好滋味，一款香氣迷人的獨特美味。

杏仁片
蜜香紅茶餅乾
杏桃果醬

DATA

- 醇厚度 —— 輕淡 ▮▮▮ 濃厚
- 口　感 —— 硬脆 | **酥脆** | **蓬鬆** | 濕潤 | 豐厚紮實
- 香　氣 —— 清新 ▮▮ 濃厚

INGREDIENTS ｜ 材料 ｜

份量／約35組

蜜香紅茶餅乾

無鹽奶油⋯45g
糖粉⋯45g
蛋白⋯50g
蜜香紅茶粉⋯4g

Ⓐ 杏仁粉⋯45g
　 高筋麵粉⋯35g

杏仁片⋯100g
▶ 表面用

杏桃果醬

杏桃果泥⋯100g
Ⓑ 細砂糖⋯45g
　 NH果膠粉⋯1.4g
檸檬汁⋯2g

Tea 1　濃韻茶香味的餅乾&司康

METHODS ｜ 作法 ｜

蜜香紅茶餅乾

01 奶油、糖粉放入攪拌缸，以中速攪拌均勻至呈現乳霜狀。

02 加入蜜香紅茶粉混合攪拌均勻。

03 分幾次加入蛋白，每次加入都要確實攪拌，再加入下一次的蛋白攪拌至完全融合。

04 加入過篩的材料Ⓐ攪拌均勻至無粉粒。

05 擠花袋（平口花嘴）填入麵糊，在烤盤上呈間距擠出6cm長條狀。

平口花嘴 SN7065

06 在麵糊表面撒上杏仁片碎。

07 使表面沾附上杏仁碎片，再抖掉多餘的部分。

08 用旋風烤箱，以140℃烘烤25分鐘至呈現金黃色。

杏桃果醬

09 準備杏桃果醬材料。

🍃 果膠粉與細砂糖需先混合再使用,才不會產生結塊的情形。

10 材料Ⓑ事先混合均勻。

11 杏桃果泥放入鍋裡,用打蛋器邊攪拌,邊以中小火加熱至40℃。

12 再加入作法⑩邊加熱邊攪拌混合勻勻。

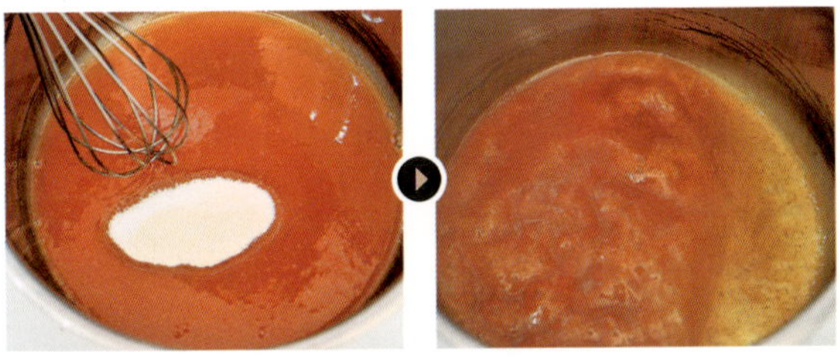

13 轉中火,繼續拌煮2分鐘至濃稠,離火,加入檸檬汁拌勻,倒入平盤,用保鮮膜緊貼覆蓋,待冷卻。

\ Texture / 
→拌煮到這種狀態

組合完工

14 兩片餅乾為組合,將一片的中間夾入杏桃果醬,再覆蓋上另一片,輕壓組合。

15 完成蜜香杏仁夾心酥。

🍃 使用相同的麵糊,稍加改變外型(擠成圓形,表面撒上堅果碎)、抹上果醬或巧克力做夾心,就能變化出截然不同特色、風味的精緻餅乾。

COOKIES

Tea 1　濃韻茶香味的餅乾＆司康

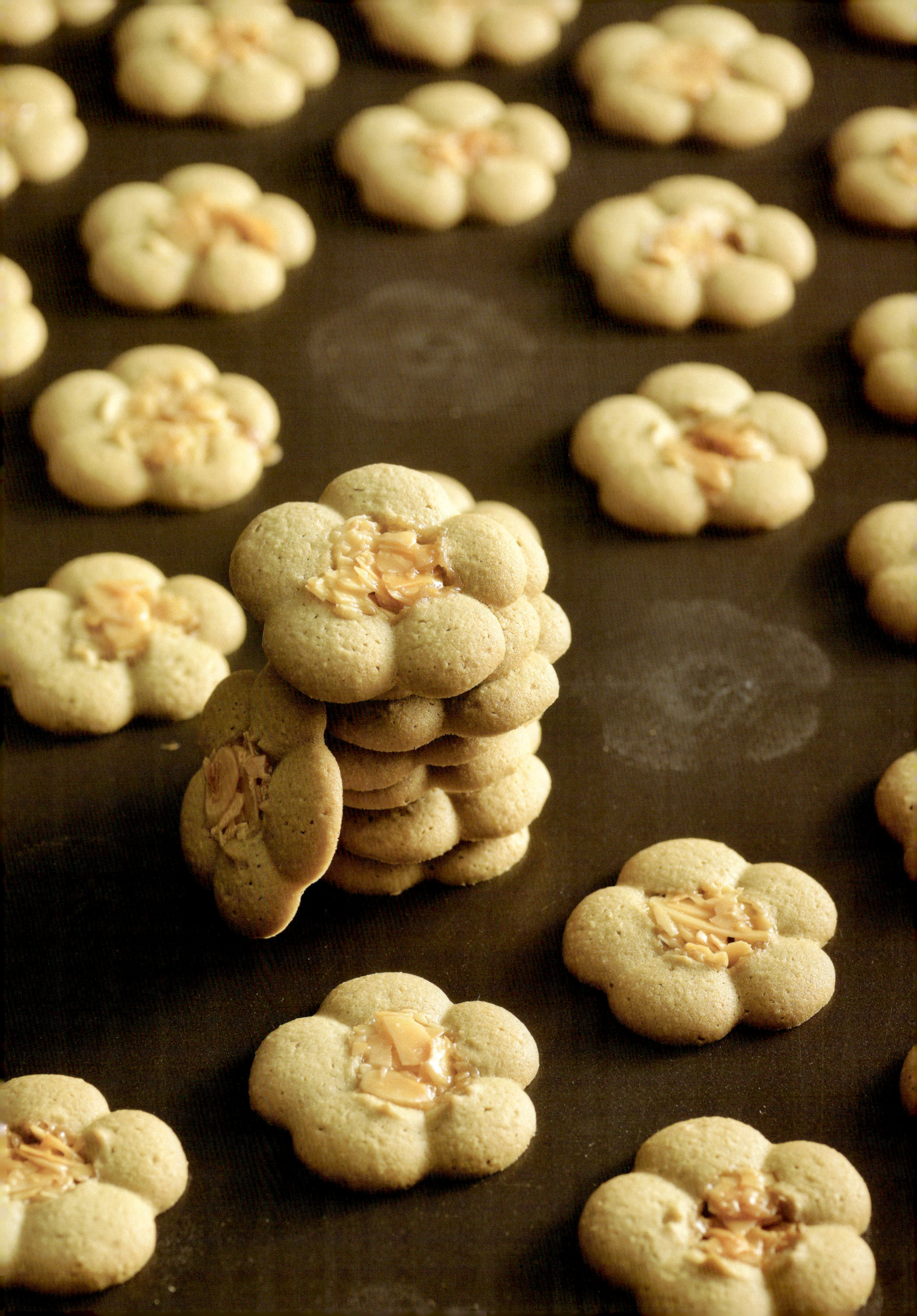

COOKIES

鐵觀音芙蘿餅

經典款餅乾綻放台灣茶細膩風味！以鐵觀音的花果蜜香，
堅果的香脆與焦糖的甘甜，映襯茶韻的圓潤柔和，造就出極佳的風味層次與口感。
花朵的外型，也是無法忽視的可愛實力派。

標示：杏仁乳加　鐵觀音酥餅

DATA

- **醇厚度** —— 輕淡 ■■■□□ 濃厚
- **口　感** —— **硬脆** | 酥脆 | 蓬鬆 | 濕潤 | 豐厚紮實
- **香　氣** —— 清新 ■■■□□ 濃厚

Tea 1　濃韻茶香味的餅乾＆司康

INGREDIENTS | 材料 |　份量／約75片

鐵觀音酥餅

無鹽奶油…90g
糖粉…120g
蛋白…60g
鹽…0.5g
鐵觀音茶粉…5g

Ⓐ 杏仁粉…20g
　 低筋麵粉…160g

杏仁乳加

Ⓑ 無鹽奶油…25g
　 細砂糖…30g
　 動物鮮奶油…10g
　 葡萄糖漿…30g
杏仁片（或杏仁角）…60g

METHODS ｜ 作法 ｜

使用花嘴

01

花形花嘴。

杏仁乳加

02

材料Ⓑ放入鍋裡，以小火加熱煮至沸騰。

03

加入杏仁片。

鐵觀音酥餅

04

用橡皮刮刀，迅速混合拌勻，待冷卻。

05

奶油、糖粉、鹽放入攪拌缸，以中速攪拌均勻至呈現乳霜狀，加入鐵觀音茶粉混合攪拌均勻。

06

分幾次加入蛋白，每次加入都要確實攪拌，再加入下一次的蛋白攪拌至完全融合。

07

加入材料Ⓐ攪拌均勻至無粉粒。

08

擠花袋填入麵糊，擠成花成型，鏤空圓形處填入杏仁乳加。用旋風烤箱，以150℃烤15分鐘。

— 58 —

COOKIES

蜜香草莓果醬餅

COOKIES

蜜香草莓果醬餅

添加蜜香紅茶粉入餅,帶出自然的熟蜜果香,夾層是酸香飽滿的草莓果醬,微酸果香點綴茶韻,層次豐富,甜而不膩。
回香持久,香氣飽滿的的夾心組合,很適合用來妝點派對或作為贈禮。

蜜香紅茶餅乾

草莓果醬

DATA

- **醇厚度** —— 輕淡 ▨▨▨□□ 濃厚
- **口　感** —— 硬脆 | 酥脆 | 蓬鬆 | 濕潤 | **軟綿**
- **香　氣** —— 清新 ▨▨▨□ 濃厚

INGREDIENTS ｜ 材料 ｜　　份量／約32組

蜜香紅茶餅乾

無鹽奶油…150g　　香草莢醬…1.5g
糖粉…60g　　　　蜜香紅茶粉…10g
鹽…1.5g　　　　　低筋麵粉…175g
蛋黃…30g

草莓果醬

草莓果泥…100g
Ⓐ｜細砂糖…45g
　｜NH果膠粉…1.4g
檸檬汁…5g
吉利丁凍…4.5g

METHODS ｜ 作法 ｜

使用模型

01 中空花形模，直徑5cm（大）／2.5cm（小）。

蜜香紅茶餅乾

02 奶油、糖粉、鹽放入攪拌缸，以中速攪拌均勻至呈現乳霜狀。

03 加入蜜香紅茶粉混合攪拌，加入蛋黃、香草莢醬攪拌至完全吸收乳化。

04 加入低筋麵粉攪拌均勻成團，用保鮮膜包覆，放冷藏一晚。

05 從冷藏取出麵團，擀壓成厚度3mm片狀。用花形餅乾壓模壓切成花形，分成兩等份。將一等份的花形用圓形切模在中間處壓出圓孔，呈間距排放烤盤上。用旋風烤箱，以150℃烘烤12分鐘。

草莓果醬

06 材料Ⓐ事先混合均勻。草莓果泥放入鍋裡，以中小火加熱至40℃，加入混勻的材料Ⓐ邊加熱邊攪拌混合均勻。

07 轉中火，繼續拌煮2分鐘至濃稠，加入吉利丁凍，離火，最後再加入檸檬汁拌勻，倒入平盤，用保鮮膜緊貼覆蓋，待冷卻。

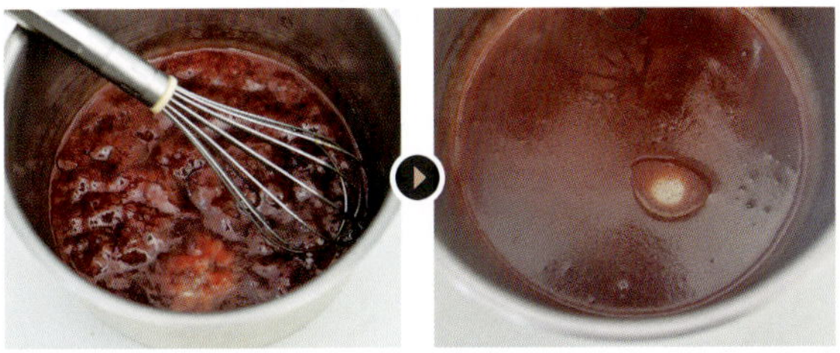

組合完工

08 兩片餅乾為組合，將花形片上擠入草莓果醬，再覆蓋上中空花形片即可。

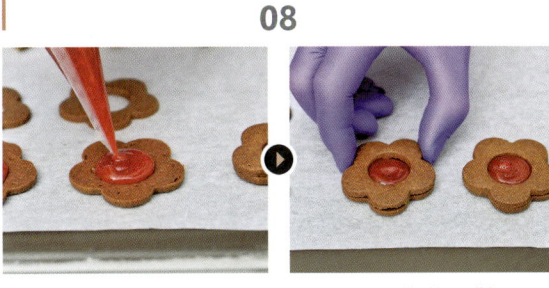

Tea 1　濃韻茶香味的餅乾&司康

— 61 —

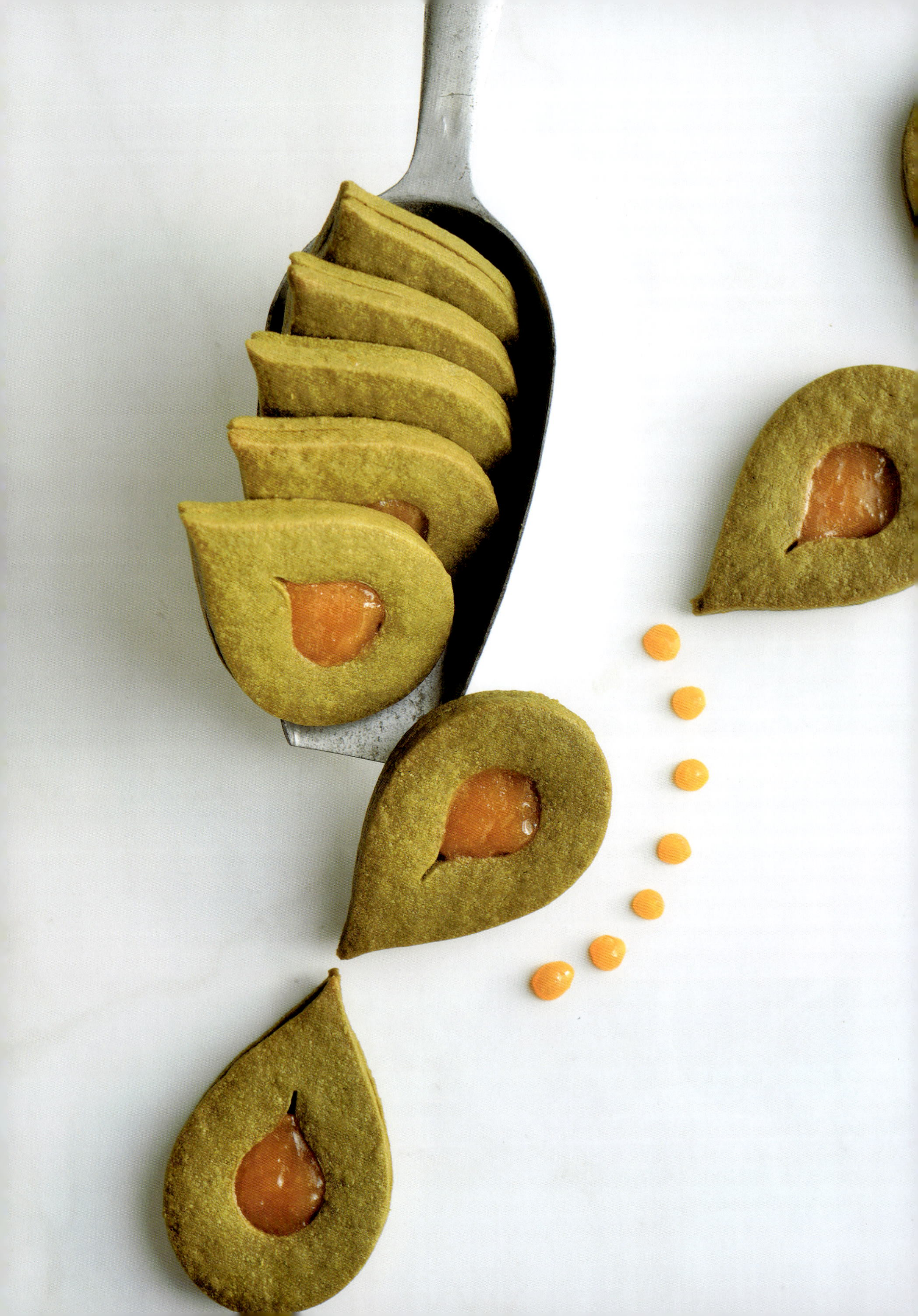

COOKIES

百香芒果包種茶果醬餅

百香包種茶帶有淡雅花香；內餡結合百香芒果果醬，入口先是酸香擴散，尾韻是清爽茶香，清新的茶香與熱帶水果的香氣交織，口感獨特有層次。

百香包種茶餅乾

百香芒果果醬

DATA

- **醇厚度** —— 輕淡 ▇▇▇▢▢ 濃厚
- **口　感** —— 硬脆｜酥脆｜蓬鬆｜濕潤｜**軟綿**
- **香　氣** —— 清新 ▇▇▢▢ 濃厚

Tea 1

濃韻茶香味的餅乾＆司康

INGREDIENTS ｜ 材料 ｜　　　　份量／約32組

百香包種茶餅乾

無鹽奶油…150g
糖粉…60g
鹽…1.5g
蛋黃…30g
香草莢醬…1.5g
百香包種茶粉…15g
低筋麵粉…170g

百香芒果果醬

芒果果泥…70g
百香果泥…30g
Ⓐ｜細砂糖…45g
　｜NH果膠粉…1.4g
檸檬汁…2.5g
吉利丁凍…4.5g

— 63 —

METHODS ｜ 作法 ｜

使用模型
01 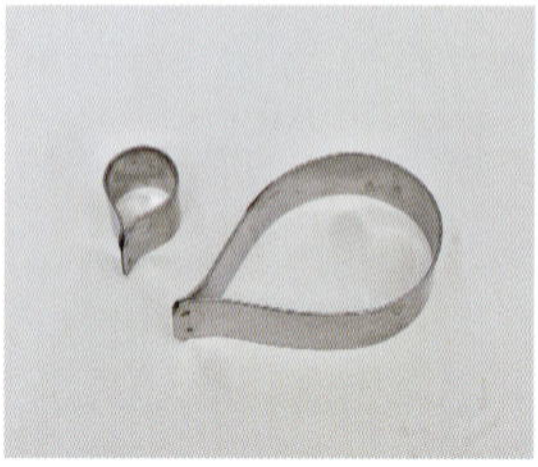
中空水滴模，直徑7.3×4.5cm（大）／直徑3×2cm（小）。

百香包種茶餅乾
02 
奶油、糖粉、鹽放入攪拌缸，以中速攪拌均勻至呈現乳霜狀。

03 
加入百香包種茶粉混合攪拌均勻。

04 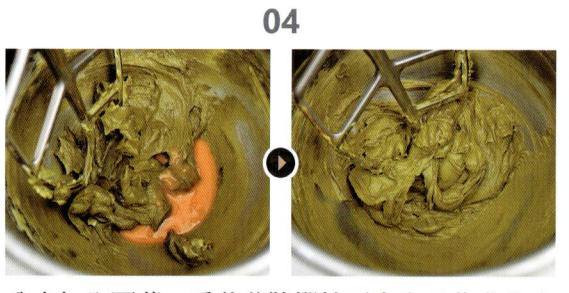
分次加入蛋黃、香草莢醬攪拌至完全吸收乳化光滑狀態。

\ Texture / 
→攪拌至乳化

05 
加入過篩的低筋麵粉。

06 
攪拌混合均勻成團，用保鮮膜包覆，放冷藏一晚。

07 
從冷藏取出麵團，擀壓成厚度3mm片狀。用大的壓模壓切成型，分成兩等份。將一等份的水滴形用小的切模在中間處壓出孔洞，呈間距排放烤盤上。用旋風烤箱，以140℃烘烤14分鐘。

COOKIES

百香芒果果醬

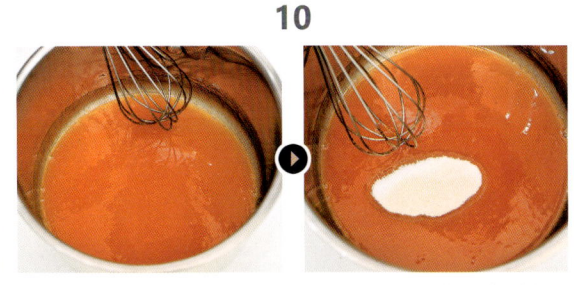

08 準備好百香芒果醬的所有材料。

09 材料Ⓐ事先混合均勻。

10 將芒果、百香果泥放入鍋裡，以中小火加熱至40°C，加入作法⑨邊加熱邊攪拌混合勻勻。

🍃 果膠粉與細砂糖需先混合再使用，才不會產生結塊的情形。

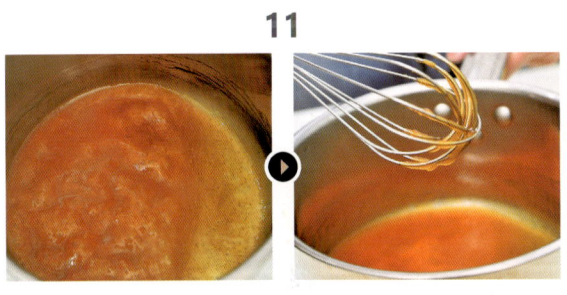

11 轉中火，繼續拌煮2分鐘至濃稠，加入吉利丁凍，離火，最後再加入檸檬汁拌勻，倒入平盤用，用保鮮膜緊貼覆蓋，待冷卻。

\ Texture / → 攪拌到這樣的程度

組合完工

12 兩片餅乾為組合。用百香芒果果醬在水滴餅乾上先擠出輪廓。

13 填滿輪廓。

14 再覆蓋上中空水滴片，稍輕壓整平即可。

15 完成組合。

🍃 降溫後與乾燥劑放入密閉容器內，置於室溫保存，大約可放置14星期左右都能美味的享用。

Tea 1　濃韻茶香味的餅乾&司康

COLUMN

鮮美豐味，自製手工果醬

利用果泥製作成果醬，封存四季的酸甜好滋味！
把水果的滋味與香氣濃縮成絕妙風味的果豐美醬，
做抹醬、夾心內餡、搭配甜點，享受獨特濃郁的水果芳香。

01 百香芒果果醬

材料

芒果果泥⋯70g
百香果泥⋯30g
Ⓐ 細砂糖⋯45g
　NH果膠粉⋯1.4g
檸檬汁⋯2.5g
吉利丁凍⋯4.5g

作法

將芒果、百香果泥放入鍋裡，以中小火加熱至40℃，加入混勻的材料Ⓐ邊加熱邊攪拌混合勻勻。轉中火，繼續拌煮2分鐘至濃稠，加入吉利丁凍，離火，再加入檸檬汁拌勻，倒入平盤用，保鮮膜緊貼覆蓋，待冷卻。

02 草莓果醬

材料

草莓果泥⋯100g
Ⓐ 細砂糖⋯45g
　NH果膠粉⋯1.4g
檸檬汁⋯5g
吉利丁凍⋯4.5g

作法

將草莓果泥放入鍋裡，以中小火加熱至40℃，加入混勻的材料Ⓐ邊加熱邊攪拌混合勻勻。轉中火，繼續拌煮2分鐘至濃稠，加入吉利丁凍，離火，再加入檸檬汁拌勻，倒入平盤，用保鮮膜緊貼覆蓋，待冷卻。

03 杏桃果醬

材料

杏桃果泥⋯100g
Ⓐ 細砂糖⋯45g
　NH果膠粉⋯1.4g
檸檬汁⋯2g

作法

將杏桃果泥放入鍋裡，以中小火加熱至40℃，加入混勻的材料Ⓐ邊加熱邊攪拌混合勻勻。轉中火，繼續拌煮2分鐘至濃稠，離火，加入檸檬汁拌勻，倒入平盤，保鮮膜緊貼覆蓋，待冷卻。

🌿 果膠粉與細砂糖需先混合再使用，才不會產生結塊的情形。

04 櫻桃果醬

材料

櫻桃果泥⋯100g
Ⓐ 細砂糖⋯45g
　NH果膠粉⋯1.6g
檸檬汁⋯5g

作法

將櫻桃果泥放入鍋裡，以中小火加熱至40℃，加入混勻的材料Ⓐ邊加熱邊攪拌混合勻勻。轉中火，拌煮2分鐘至濃稠，離火，加入檸檬汁拌勻，倒入平盤，保鮮膜緊貼覆蓋，待冷卻。

05 黑莓果醬

材料

黑莓果泥⋯100g
Ⓐ 細砂糖⋯45g
　NH果膠粉⋯1.6g
檸檬汁⋯2g

作法

將黑莓果泥放入鍋裡，以中小火加熱至40℃，加入混勻的材料Ⓐ邊加熱邊攪拌混合勻勻。轉中火，拌煮2分鐘至濃稠，離火，加入檸檬汁拌勻，倒入平盤，保鮮膜緊貼覆蓋，待冷卻。

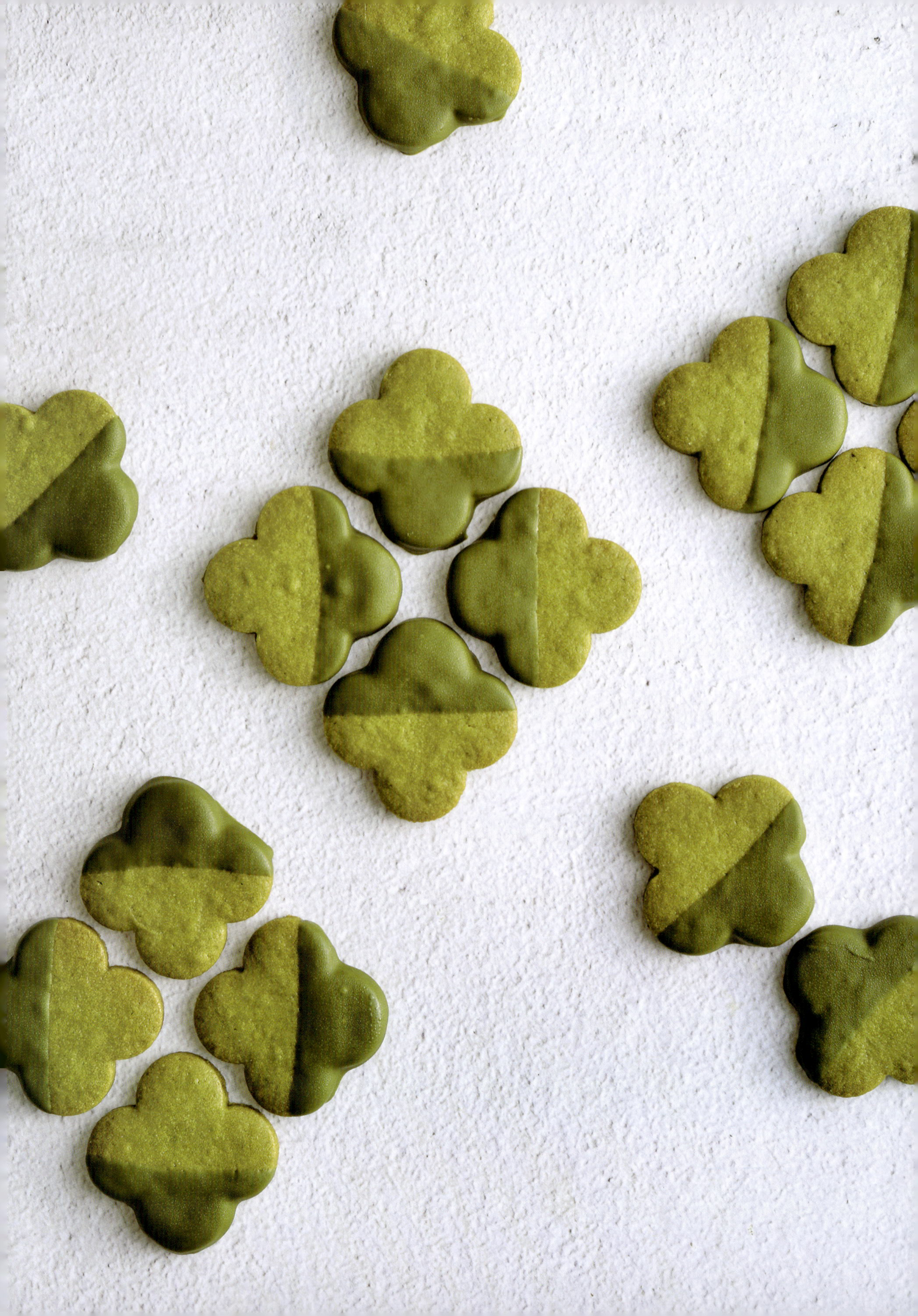

COOKIES

抹茶四葉草餅乾

純粹鮮明的茶香與細緻苦味，融合三溫糖的溫潤甘甜，
讓風味達到和諧平衡，展現抹茶最純粹的風味。

抹茶巧克力　　　　　　　　　　　　　　　　抹茶餅乾

DATA

- **醇厚度** —— 輕淡 ▮▮▮▯▯ 濃厚
- **口　感** —— **硬脆** ｜ 酥脆 ｜ 蓬鬆 ｜ 濕潤 ｜ 豐厚紮實
- **香　氣** —— 清新 ▮▮▯▯▯ 濃厚

Tea 1　濃韻茶香味的餅乾＆司康

INGREDIENTS ｜ 材料 ｜　　　　份量／約50片

抹茶餅乾

無鹽奶油…60g　　全蛋…25g
三溫糖…65g　　　抹茶粉…5g
鹽…0.5g　　　　　低筋麵粉…120g

裝飾用

抹茶巧克力
▶ 融化使用

METHODS ｜ 作法 ｜

使用模型

01 花形切模。

抹茶餅乾

02 奶油、三溫糖、鹽放入攪拌缸，以中速攪拌均勻至呈現乳霜狀。

03 加入過篩的抹茶粉混合攪拌均勻。

> 用不完的抹茶粉，最好使用鋁箔材質密封包裝，避免日照保存，以防變色。三溫糖也可以用二號細砂糖代替。

04 加入全蛋攪拌至完全吸收乳化、滑順狀態。

05 再加入過篩的低筋麵粉攪拌均勻成團。將麵團用保鮮膜包覆，整型成片狀，放冷藏一晚。

06 從冷藏取出麵團，擀壓成厚度4mm。用餅乾壓模壓切成型，呈間距排放烤盤上。

07 用旋風烤箱，以140℃烘烤20分鐘（**低溫烘烤才能保持抹茶的翠綠色澤**）。

完工裝飾

08 將抹茶巧克力隔水融化。

09 待餅乾冷卻，將一側邊沾裹上抹茶巧克力，待其凝固即可。

COOKIES
煎茶幸運草餅乾

COOKIES

煎茶幸運草餅乾

日式煎茶粉揉入餅乾,綻放鮮醇茶香與細緻甘韻,微苦中透出草本清爽氣息;
表面覆以細砂糖,提升餅乾層次變化,吃進嘴裡感受得到「喀哩喀哩」的清甜純粹。

煎茶餅乾 ─────── 細砂糖

DATA

- **醇厚度** ──── 輕淡 ▮▮▮▮▮▮ 濃厚
- **口　感** ──── **硬脆**｜酥脆｜蓬鬆｜濕潤｜豐厚紮實
- **香　氣** ──── 清新 ▮▮▮▮▮▮ 濃厚

INGREDIENTS　｜　材料　｜　　　份量／約25片

煎茶餅乾

無鹽奶油⋯60g　　全蛋⋯25g
三溫糖⋯65g　　　煎茶粉⋯5g
鹽⋯0.5g　　　　　低筋麵粉⋯120g

表面用

細砂糖⋯適量

METHODS ｜ 作法 ｜

使用模型

01 幸運草切模。

煎茶餅乾

02 奶油、三溫糖放入攪拌缸，以中速攪拌均勻至呈乳霜狀。

> 三溫糖也可用等量的二號細砂糖代替使用。

03 加入過篩的煎茶粉混合攪拌。

04 加入全蛋攪拌至完全吸收乳化、滑順狀態。

05 加入過篩的低筋麵粉、鹽攪拌均勻成團。

06 將麵團用保鮮膜包覆，整型成片狀，放冷藏一晚。

07 從冷藏取出麵團，擀壓成厚度4mm。用餅乾壓模壓切成型，呈間距排放烤盤上。

> 餅乾切模可沾拍上少許的高筋麵粉避免沾黏。

08 餅乾麵團表面撒上細砂糖。

09 用旋風烤箱，以140℃烘烤10分鐘（**低溫烘烤以保持茶原有的翠綠色澤**）。

Tea 1　濃韻茶香味的餅乾＆司康

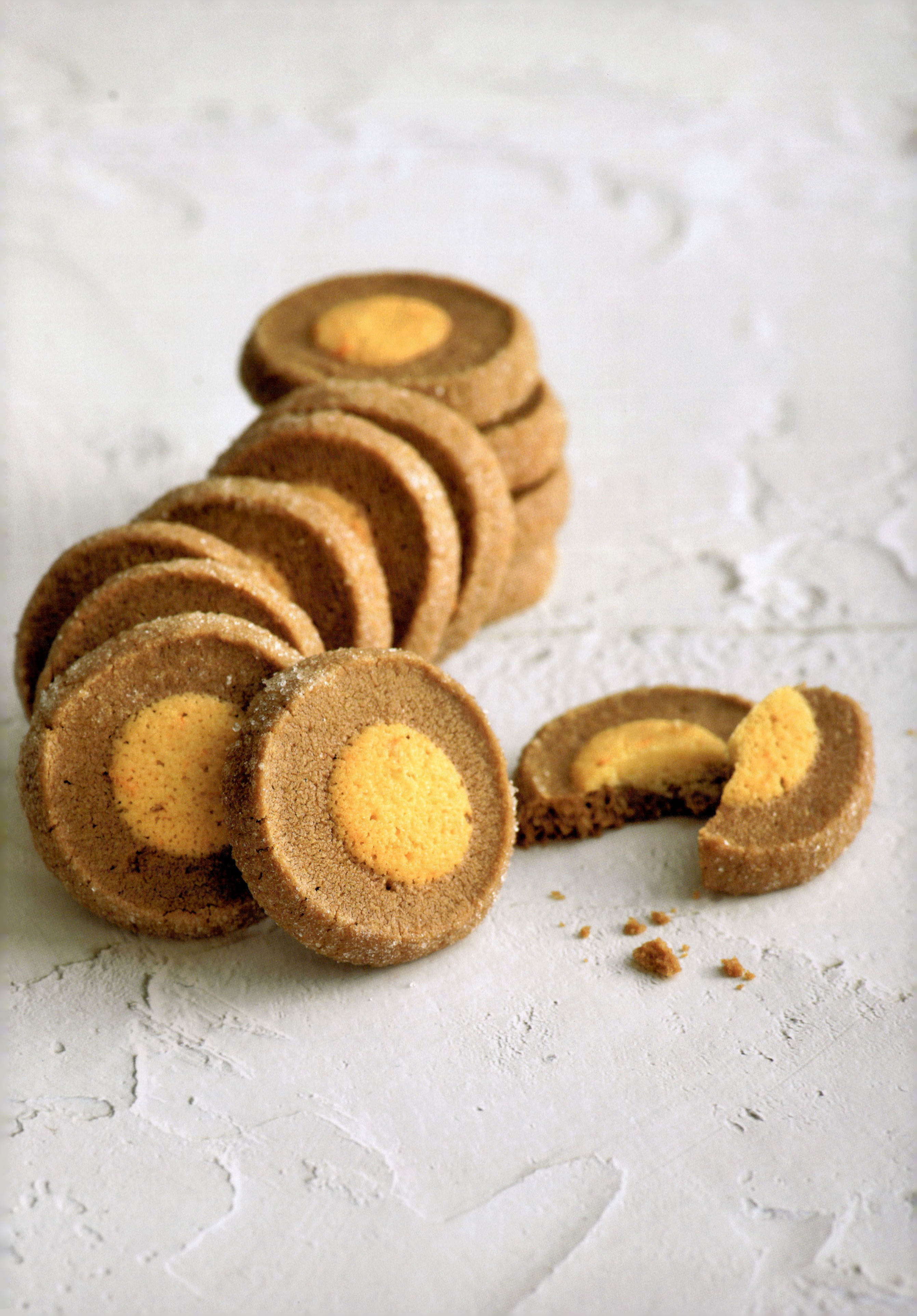

DIAMOND SABLÉ COOKIES
焙茶柳橙鑽石餅

以日本焙茶展現獨特炭焙茶香，佐以細緻香橙杏仁奶油，柑橘清香輕盈點綴，平衡濃郁茶韻與優雅果香，口感酥脆，層次分明。

香橙杏仁奶油　焙茶柳橙餅乾　細砂糖

DATA
- 醇厚度 —— 輕淡 ▮▮▮▮ 濃厚
- 口　感 —— 硬脆｜**酥脆**｜蓬鬆｜濕潤｜豐厚紮實
- 香　氣 —— 清新 ▮▮▮▮ 濃厚

Tea 1　濃韻茶香味的餅乾＆司康

INGREDIENTS ｜材料｜
份量／約40個

焙茶柳橙餅乾

無鹽奶油…110g
▶ 恢復室溫20～24℃
糖粉…55g
鹽…1g
全蛋…12g
焙茶粉…5g

Ⓐ ｜低筋麵粉…135g
　｜杏仁粉…35g

香橙杏仁奶油

無鹽奶油…25g
糖粉…25g
新鮮柳橙皮屑…0.5顆（2g）
全蛋…25g
杏仁粉…25g
低筋麵粉…5g

METHODS ｜ 作法 ｜

香橙杏仁奶油

01 奶油、糖粉用打蛋器攪拌均勻至呈現乳霜狀。

02 加入全蛋確實的攪拌至完全吸收乳化。

\ Texture /
→攪拌至乳化狀態

03 刨取新鮮的柳橙皮屑拌勻（刨取橙色果皮的部分，白色部分會有苦澀味）。

04 再加入過篩的粉類攪拌均勻至無粉粒。

焙茶柳橙餅乾

05 奶油、糖粉、鹽放入攪拌缸，以中速攪拌至呈現乳霜狀。

06 加入焙茶粉混合攪拌均勻。

07 加入全蛋確實的攪拌。

DIAMOND SABLÉ COOKIES

08 攪拌至完全吸收乳化。

09 加入過篩的材料Ⓐ攪拌均勻成團（刮淨攪拌缸內壁四周，使麵團聚集）。

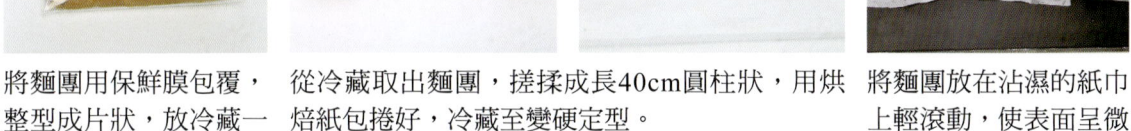

10 將麵團用保鮮膜包覆，整型成片狀，放冷藏一晚。

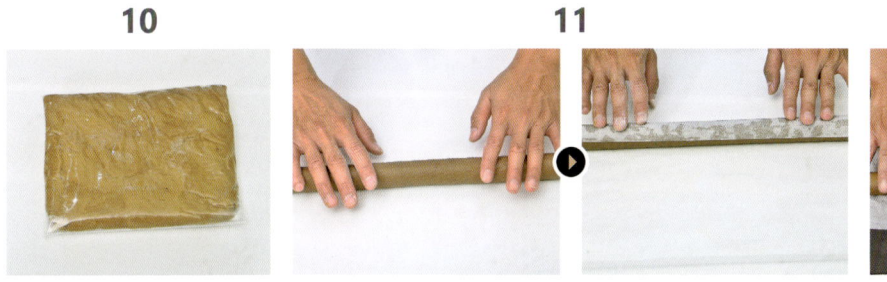

11 從冷藏取出麵團，搓揉成長40cm圓柱狀，用烘焙紙包捲好，冷藏至變硬定型。

🍃 麵團冷凍使其變硬，方便後續的切割操作。

12 將麵團放在沾濕的紙巾上輕滾動，使表面呈微濕潤。

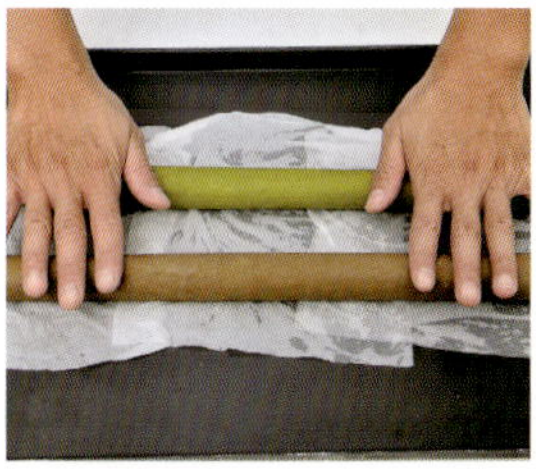

13 再沾裹上細砂糖。

14 將麵團切成厚度0.8～1cm圓片，呈間距排放烤盤上。

15 用圓頭丸棒在中間塑出凹槽，擠入香橙杏仁奶油（每份約2～2.5g）。用旋風烤箱，以140℃烘烤28～30分鐘。

🍃 利用沾濕的拭紙巾包裹麵團使其微濕（或薄薄塗刷一層蛋白）後，再輕輕滾動沾裹細砂糖即可。

Tea 1 濃韻茶香味的餅乾&司康

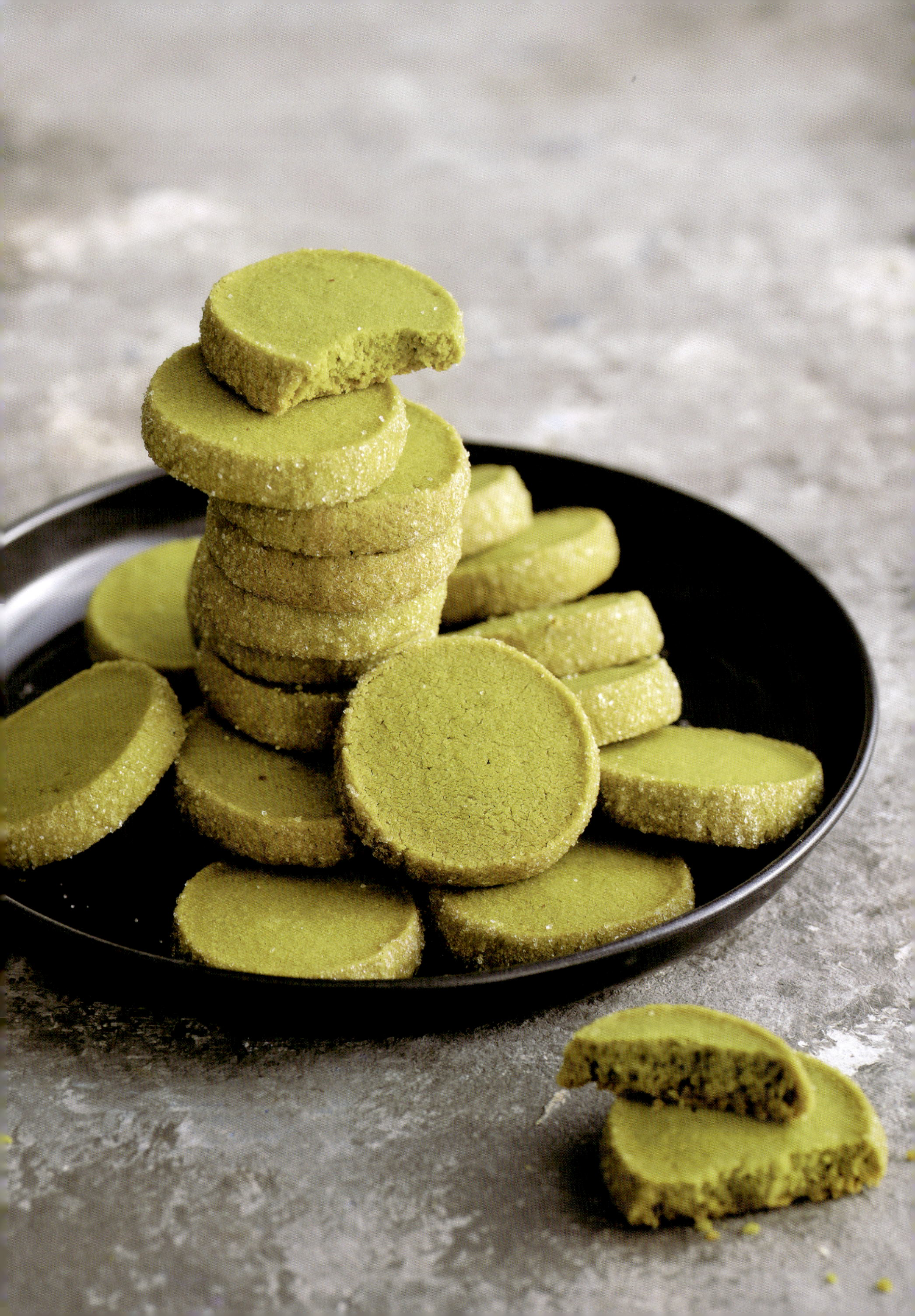

DIAMOND SABLÉ COOKIES
阿里山高山茶鑽石餅

以低溫烤焙保留茶香、回甘韻味；茶韻清新淡雅，展現高山茶的純淨風味。
沾裹在外層的粗顆粒的砂糖，營造出閃耀著光澤的外觀，增添口感酥脆細緻。

標示說明：阿里山高山茶餅乾、細砂糖

DATA
- **醇厚度** —— 輕淡 ▓▓▓░░ 濃厚
- **口　感** —— 硬脆｜**酥脆**｜蓬鬆｜濕潤｜豐厚紮實
- **香　氣** —— 清新 ▓▓░░░ 濃厚

Tea 1 — 濃韻茶香味的餅乾＆司康

INGREDIENTS ｜材料｜　　份量／約40個

阿里山高山茶餅乾

無鹽奶油⋯110g
　▶ 恢復室溫20〜24℃
糖粉⋯55g
鹽⋯1g
全蛋⋯12g
　▶ 恢復室溫
阿里山高山茶粉⋯7g

Ⓐ　低筋麵粉⋯133g
　　杏仁粉⋯35g

表面用

細砂糖⋯適量

METHODS ｜ 作法 ｜

阿里山高山茶餅乾

01 奶油、糖粉、鹽放入攪拌缸，以中速攪拌均勻至呈現乳霜狀。

02 加入阿里山高山茶粉混合攪拌。

🍃 茶粉與蛋液先混合攪拌，更容易吸附味道，風味更好。

03 加入全蛋確實的攪拌。

04 攪拌至完全吸收乳化。

05 加入過篩的材料Ⓐ攪拌均勻成團（刮淨攪拌缸內壁四周，使麵團聚集）。

06 將麵團用保鮮膜包覆，整型成片狀，放冷藏一晚。

07 從冷藏取出麵團，搓揉成長40cm圓柱狀，用保鮮膜包覆好，冷藏至變硬定型。

08 將麵團放在沾濕的紙巾上輕滾動，使表面呈微濕潤，再沾裹上細砂糖。

🍃 利用沾濕的拭紙巾包裹麵團使其微濕（或薄薄塗刷一層蛋白）後，再輕輕滾動沾裹細砂糖即可。

09 將麵團切成厚度0.8〜1cm圓片，呈間距排放烤盤上。用旋風烤箱，以140℃烘烤28分鐘（**低溫烘烤才能保持茶的翠綠色澤**）。

SNOWBALL COOIKES

蜜香核桃雪球

SNOWBALL COOIKES

蜜香核桃雪球

透過蜜香紅茶粉，釋放天然熟果蜜韻，結合日本島砂糖的溫潤甘甜，
最後以香脆核桃和風味粉，帶來層次分明、回韻悠長的口感享受。

蜜香風味糖粉　　　　　　　　　　　　　　　　　蜜香核桃雪球

DATA

- **醇厚度** —— 輕淡 ▣▣▣▣▣ 濃厚
- **口　感** —— 硬脆 ｜ **酥脆** ｜ 蓬鬆 ｜ 濕潤 ｜ 豐厚紮實
- **香　氣** —— 清新 ▣▣▣▣▣ 濃厚

INGREDIENTS ｜ 材料 ｜　　份量／每個6g，約60個

蜜香核桃雪球

無鹽奶油…100g
香草莢醬…1g
島砂糖…35g
蜜香紅茶粉…5g
全蛋…20g

Ⓐ 杏仁粉…50g
　 低筋麵粉…120g
核桃碎…30g
▶ 烤熟切碎

風味防潮糖粉

防潮糖粉…50g
蜜香紅茶粉…0.5g

METHODS ｜ 作法 ｜

蜜香核桃雪球

01 奶油、香草莢醬、島砂糖放入攪拌缸，以中速攪拌均勻至呈乳霜狀。

🍃 島砂糖溫潤的甜味能帶出蜜香紅茶的甘醇；也可用紅糖粉代替。

02 加入蜜香紅茶粉混合攪拌均勻。

03 加入全蛋攪拌至完全吸收乳化、滑順狀態。

\ Texture / 
→攪拌至乳化狀態

04 加入過篩的材料Ⓐ攪拌均勻成團。

05 最後加入核桃碎混合拌勻（核桃事先用150℃烤約10～12分鐘後切碎使用）。

完工裝飾

06 將麵團用保鮮膜包覆，整型成片狀，冷藏。

07 將麵團擀壓成厚度約1cm，裁切成2cm的正方塊（約6g），呈間距排放烤盤上。

08 用旋風烤箱，以150℃烘烤25分鐘至呈現金黃色。放涼（待降溫30℃以下），沾裹上風味防潮糖粉，抖掉多餘糖粉待完全冷卻。

Tea 1　濃韻茶香味的餅乾＆司康

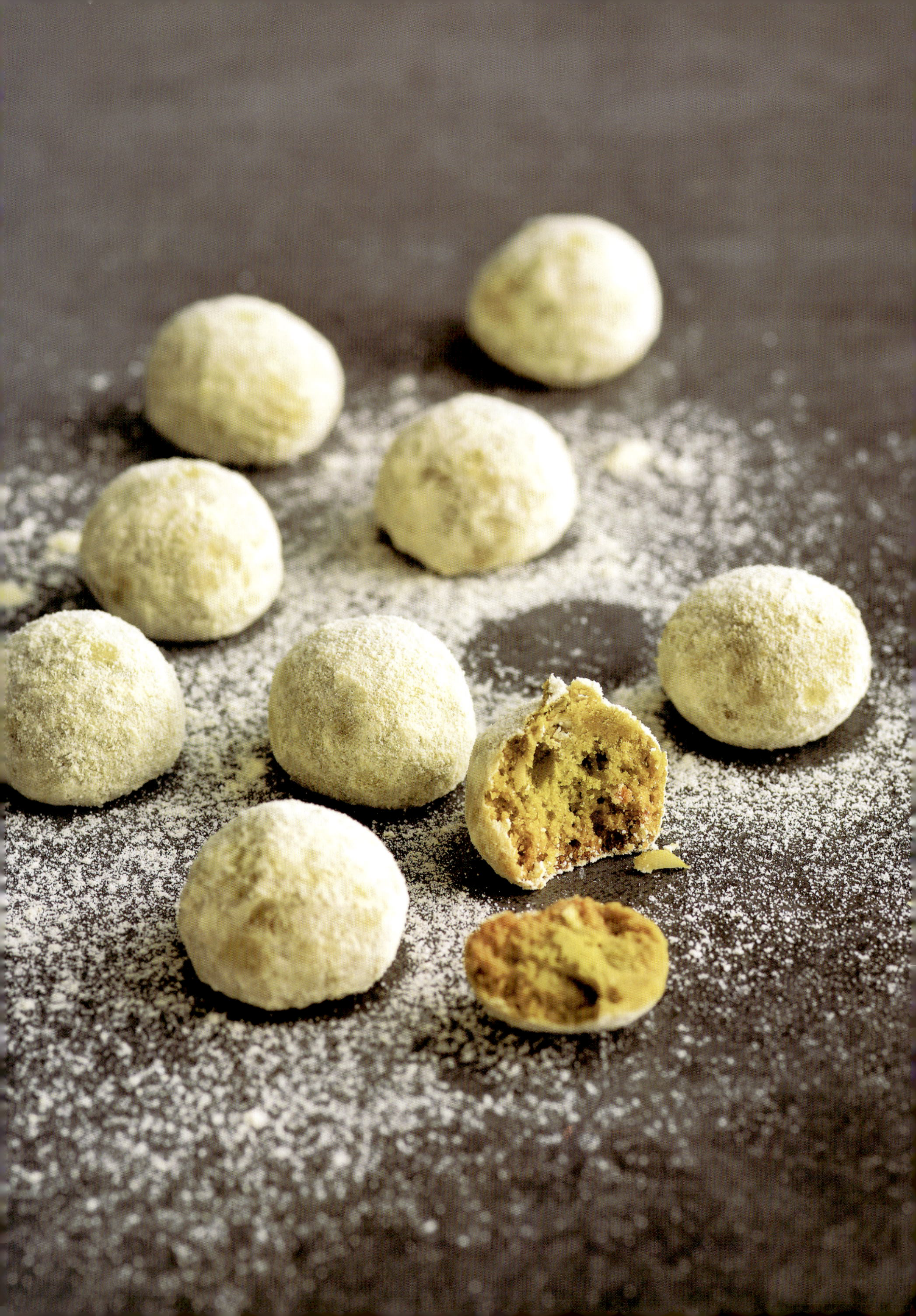

SNOWBALL COOIKES

百香綠茶雪球

以綠茶粉揉合麵團，清新果香與茶韻交織，搭配南瓜子碎增添香脆口感，散發淡雅茶香與熱帶果香，呈現別具一格的口感風味。

百香果風味糖粉

綠茶雪球

DATA

- **醇厚度** —— 輕淡　　　　　　濃厚
- **口　感** —— 硬脆｜**酥脆**｜蓬鬆｜濕潤｜豐厚紮實
- **香　氣** —— 清新　　　　　　濃厚

INGREDIENTS ｜ 材料 ｜

份量／每個6g，約60個

綠茶雪球

無鹽奶油…100g
香草莢醬…1g
糖粉…35g
全蛋…20g
綠茶粉…6g

Ⓐ｜杏仁粉…50g
　｜低筋麵粉…114g
南瓜子…40g
▶ 烤熟，切碎

風味防潮糖粉

防潮糖粉…30g
冷凍乾燥百香果粉…20g

Tea 1　濃韻茶香味的餅乾＆司康

METHODS ｜ 作法 ｜

綠茶雪球

01 奶油、香草莢醬、糖粉放入攪拌缸，以中速攪拌均勻至呈乳霜狀。

02 加入綠茶粉混合攪拌均勻。

03 加入蛋黃攪拌至完全吸收乳化、滑順狀態。

Texture →攪拌至乳化狀態

04 加入過篩的材料Ⓐ混合攪拌。

05 最後加入南瓜子碎攪拌均勻成團。

🌱 南瓜子事先用150℃烤約8～10分鐘後切碎使用。

06 將麵團用保鮮膜包覆，整型成片狀，冷藏。

完工裝飾

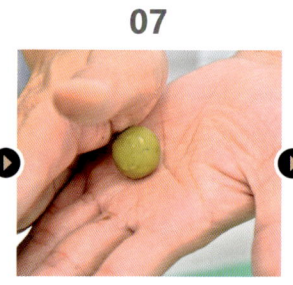

07 將麵團擀壓成厚度約1cm，裁切成2cm的正方塊（約6g），再搓揉整型成圓球狀，呈間距排放烤盤上。用旋風烤箱，以140℃烘烤30分鐘（**低溫烘烤才能保持綠茶的翠綠色澤**）。

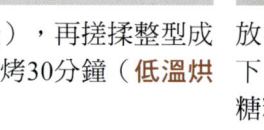

🌱 也可以將麵團分割成60g，搓揉成圓柱狀，再分切成10等份（每個6g），搓揉成圓球狀。

08 放涼（待降溫30℃以下），沾裹上風味防潮糖粉，抖掉多餘糖粉待完全冷卻。

SCONES

紅玉草莓司康

SCONES

紅玉草莓司康

溫潤的紅茶香氣和草莓乾的風味十分相襯,品嘗到濃醇的香氣和口感。
將紅茶粉先與蛋液混合的工序,讓整體的香氣風味更為明顯。
外酥香內鬆軟,打造出醇厚且奢華的味道。

草莓果乾

紅玉草莓司康

核桃碎

DATA

- **醇厚度** —— 輕淡 ■■■ 濃厚
- **口　感** —— 硬脆 | **酥脆** | **蓬鬆** | 濕潤 | **豐厚紮實**
- **香　氣** —— 清新 ■■■ 濃厚

INGREDIENTS ｜ 材料 ｜　　　份量／約14個

紅玉草莓司康

冰奶油…100g
▶ 切成丁塊狀,冷藏
細砂糖…80g
鹽…3g
紅玉茶粉…10g
T55法國麵粉…290g
泡打粉…10g
全蛋…50g

動物鮮奶油…100g
鮮奶…50g
草莓果乾碎…30g
核桃碎…40g
▶ 烤熟切碎

表面用_蛋黃液

蛋黃…20g
鮮奶油…5g
▶ 拌勻,過篩

METHODS ｜ 作法 ｜

使用模型
01  
直徑5.5cm圓形圈 SN3473。

紅玉草莓司康（乳化法）

02 
將奶油、細砂糖、鹽，以中速攪拌至呈現乳霜狀。

> 為避免奶油在過程中融化，奶油切成丁狀後，放冰箱冷藏。

03 
加入紅玉紅茶粉混合攪拌均勻。

04 
分次加入全蛋、鮮奶油、鮮奶攪拌至吸收完全乳化。

05 
加入過篩的法國麵粉、泡打粉攪拌混合均勻至無粉粒。

06
加入草莓果乾、核桃碎稍微拌勻。

> 核桃事先用150℃烤約10分鐘後切碎使用。

07 
將麵團壓成厚度2cm，用塑膠袋包覆好，冷藏30分鐘。

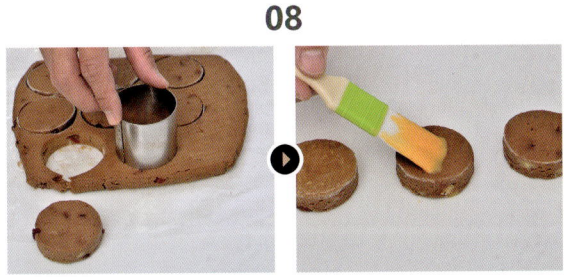

08
將麵團用直徑5.5cm的圓形圈模壓成圓片狀（約14個），表面塗刷上蛋黃液，靜置稍風乾，再塗刷一次蛋黃液（塗刷蛋黃液時，只要塗刷表層，不要塗到側邊，否則不易膨脹）。

09 
用旋風烤箱，以180℃烘烤12分鐘，至表面出現微微黃褐色即可，放冷卻。

Tea 1 濃韻茶香味的餅乾＆司康

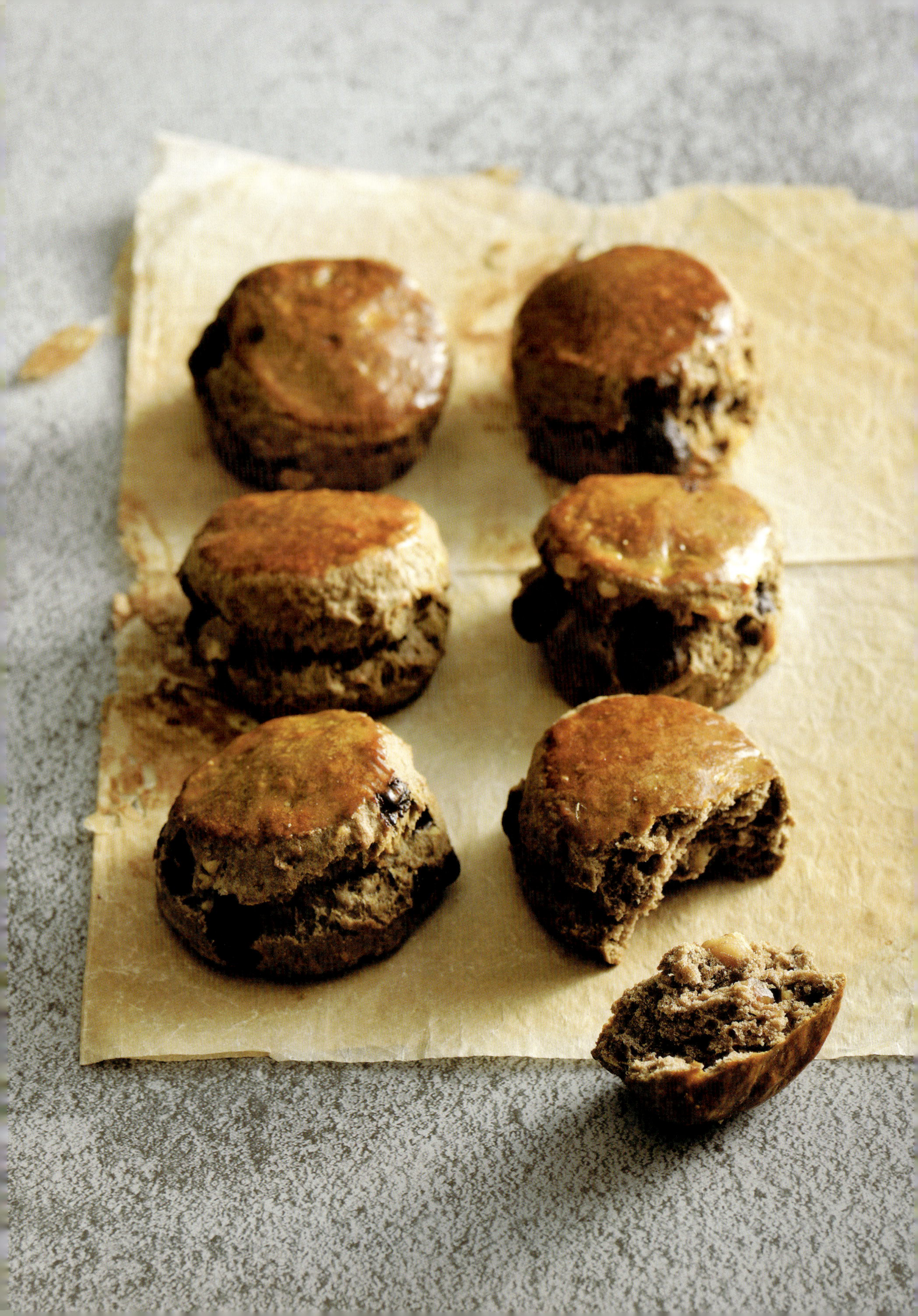

SCONES

炭焙烏龍司康

選用炭焙烏龍茶粉、苦甜巧克力調和麵團，烘焙出酥鬆細緻的口感。
濃郁的茶香中帶有炭焙的香氣韻味，苦甜巧克力甜潤溫和，
搭配香脆的核桃碎提升口感層次，帶來醇厚且獨特的滋味。

苦甜巧克力
核桃碎
炭焙烏龍司康

DATA
- 醇厚度 —— 輕淡 ▮▮▮▮▮ 濃厚
- 口　感 —— 硬脆｜**酥脆**｜**蓬鬆**｜濕潤｜豐厚紮實
- 香　氣 —— 清新 ▮▮▮▮▮ 濃厚

Tea 1

濃韻茶香味的餅乾&司康

INGREDIENTS ｜ 材料 ｜

份量／約14個

炭焙烏龍司康

Ⓐ 冰奶油…100g
　▶切成丁塊狀，冷藏
　細砂糖…80g
　鹽…3g
　T55法國麵粉…293g
　炭焙烏龍茶粉…7g
　泡打粉…10g

全蛋…50g
動物鮮奶油…100g
鮮奶…50g
58%苦甜巧克力碎…50g
核桃碎…50g
　▶烤熟切碎

表面用_蛋黃液

蛋黃…20g
鮮奶油…5g
　▶拌勻，過篩

— 91 —

METHODS ｜ 作法 ｜

使用模型

01 直徑5.5cm圓形圈模 SN3473。

炭焙烏龍司康

02 材料Ⓐ放入攪拌缸，以中速攪拌混合成細砂粒狀過度。

03 加入58%苦甜巧克力碎、核桃碎稍微拌勻。

> 過度攪拌容易導致出筋，質地會變硬，烤好後的司康不會有鬆脆的口感。核桃事先用150℃烤約10分鐘後切碎使用。

04 分次加入全蛋、鮮奶油、鮮奶攪拌均勻成團。

05 中途用橡皮刮刀刮缸後攪拌均勻。

06 將麵團壓成厚度2cm的片狀，用塑膠袋包覆好，冷藏30分鐘。

07 將直徑5.5cm的圓形圈模先沾上少許高筋麵粉，壓切麵團成圓片狀（約14個）。

08 表面塗刷上蛋黃液，靜置稍風乾，再塗刷一次蛋黃液。

09 用旋風烤箱，以180℃烘烤12分鐘，至表面出現微微黃褐色即可，放冷卻。

TEA
02

茶香藏韻的
燒菓子 &
旅行蛋糕

在奶油、砂糖、蛋和麵粉幾乎同比例製作的麵糊中，
混合風味相應的茶類，讓茶的清雅香氣融入到麵糊裡，
製作出層次豐富、帶有茶感，以及具有焦化奶油芳香的常溫甜點，
以茶香融入蛋糕質地中，溫潤、細膩，茶香馥郁卻不搶味。

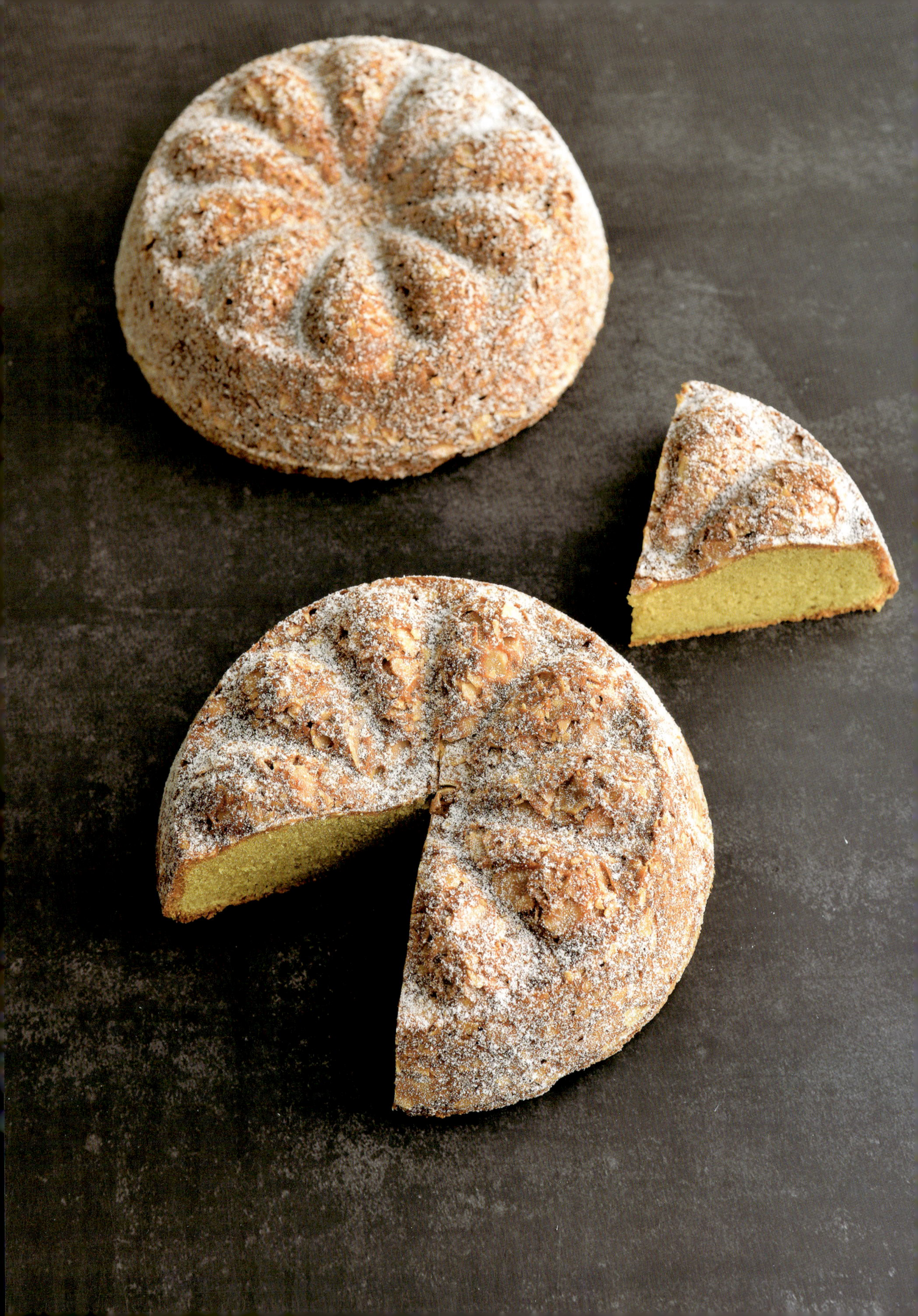

POUND CAKE

和風煎茶杏仁蛋糕

源於法式經典熱內亞（Pain de Gênes），杏仁膏揉合和風煎茶，賦予不同傳統風味的新詮釋。杏仁特有的迷人香氣，與煎茶的微苦回甘交織，奶油與杏仁材料充分融合，濕潤的口感中透著清逸的茶香。

防潮糖粉
和風煎茶蛋糕

DATA

- **醇厚度** —— 輕淡 ▮▮ 濃厚
- **口　感** —— 硬脆｜酥脆｜**蓬鬆**｜**濕潤**｜豐厚紮實
- **香　氣** —— 清新 ▮▮ 濃厚

INGREDIENTS ｜ 材料 ｜　　　份量／約2個

和風煎茶蛋糕

50%杏仁膏…260g
細砂糖…60g
海藻糖…20g
全蛋…240g
無鹽奶油…100g
泡打粉…2g
低筋麵粉…70g
和風煎茶粉…5g

表面用

防潮糖粉…適量

＊**脫模油**：奶油和高筋麵粉以4：1比例攪拌混合均勻後使用。

Tea 2　茶香藏韻的燒菓子＆旅行蛋糕

METHODS ｜ 作法 ｜

使用模型
01 
花型模型（2個每個360g）。

事前準備
02 
模型薄刷脫模油，沾裹上杏仁片（份量外）。

和風煎茶蛋糕
03 
杏仁膏微波加熱回軟，與細砂糖、海藻糖放入攪拌缸用中速攪拌勻勻。

04 
分次加入全蛋壓拌至吸收軟化，在底部隔著加水的鋼盆，隔水加熱至40℃，攪拌打發。

\ Texture / 
→攪拌到這種狀態

05 
接著，加入過篩的低筋麵粉，以切拌的方式攪拌混合均勻至麵糊呈現光澤感。

06 
另將奶油加熱至融化55℃，加入過篩的抹茶粉攪拌均勻。

07 
取部分的作法⑤加入到作法⑥中先混合拌勻。

08 
再倒回剩餘的作法⑤中混合拌勻至滑順狀態。

\ Texture / 
→完成狀態

09 
將麵糊倒入烤模中（約360g），用刮板抹平表面，輕輕敲扣模型，使麵糊能均勻布滿模型，並排出多餘的氣泡。

10 
用旋風烤箱，以150℃烘烤45分鐘。脫模，將有紋路的部分朝上，放置涼架上，冷卻。表面篩撒上防潮糖粉。

POUND CAKE

高山杏桃旅行蛋糕

POUND CAKE

高山杏桃旅行蛋糕

以高山茶為靈魂，茶韻緩緩綻放，帶有淡雅花果香。
糖漬杏桃酸甜平衡，口感豐富而不膩，呼應台灣山嵐與果園的四季風味。

杏仁片

阿里山高山茶蛋糕

DATA

- **醇厚度** ── 輕淡 ▇▇▇▇▇ 濃厚
- **口　感** ── 硬脆｜酥脆｜蓬鬆｜**濕潤**｜**豐厚紮實**
- **香　氣** ── 清新 ▇▇▇▇▇ 濃厚

INGREDIENTS ｜ 材料 ｜　　　　　　　份量／約1條

阿里山高山茶蛋糕

Ⓐ 無鹽奶油…165g
　糖粉…108g
　海藻糖…46.5g
　鹽…1g
　葡萄糖漿…14g
50%杏仁膏…37g
全蛋…155g
阿里山高山茶粉…12g

Ⓑ 杏仁粉…40g
　低筋麵粉…70g
　高筋麵粉…30g
　泡打粉…2g
糖漬杏桃…103g
▶ 切小塊

表面用

杏仁片…100g
▶ 撒在模型上

METHODS ｜ 作法 ｜

使用模型

01
U型管長35×寬7.5×寬5.5cm（1條）。

事前準備

02
模型薄刷脫模油，沾裹上杏仁片。

> 🌿 脫模油是指，奶油和高筋麵粉以4：1比例攪拌混合均勻後使用。

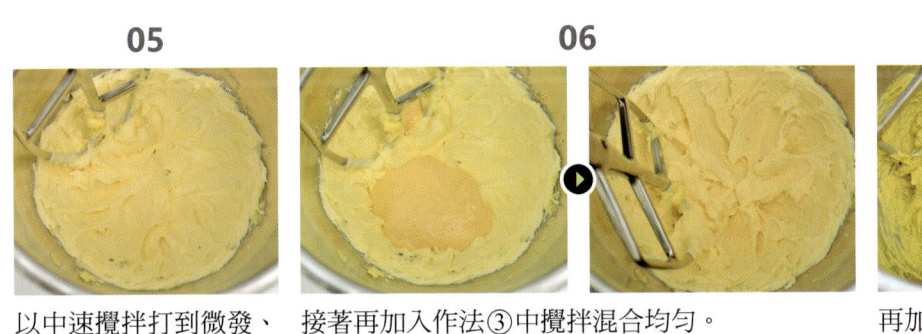

阿里山高山茶蛋糕

03
杏仁膏微波加熱回軟，加入1/3全蛋拌勻。

04
將材料Ⓐ放入攪拌缸。

05
以中速攪拌打到微發、泛白。

06
接著再加入作法③中攪拌混合均勻。

07
再加入阿里山高山茶粉混合拌勻，分次加入剩餘的全蛋，確實攪拌至完全吸收乳化。

08
加入材料Ⓑ攪拌至接近8分均勻的狀態，加入糖漬杏桃攪拌均勻。

> 🌿 受熱後由於兩側麵糊會先膨脹，因此將兩側麵糊抹高，中間稍抹低，烘烤後膨脹的高度會較平均。

09
倒入烤模中用刮刀抹平表面，輕輕敲扣模型，使麵糊均勻布滿模型，並排出多餘的氣泡。

10
用旋風烤箱，以160℃先烤15分鐘表面加蓋，續烤25分鐘。脫模，放置涼架上，冷卻。

Tea 2 茶香藏韻的燒菓子＆旅行蛋糕

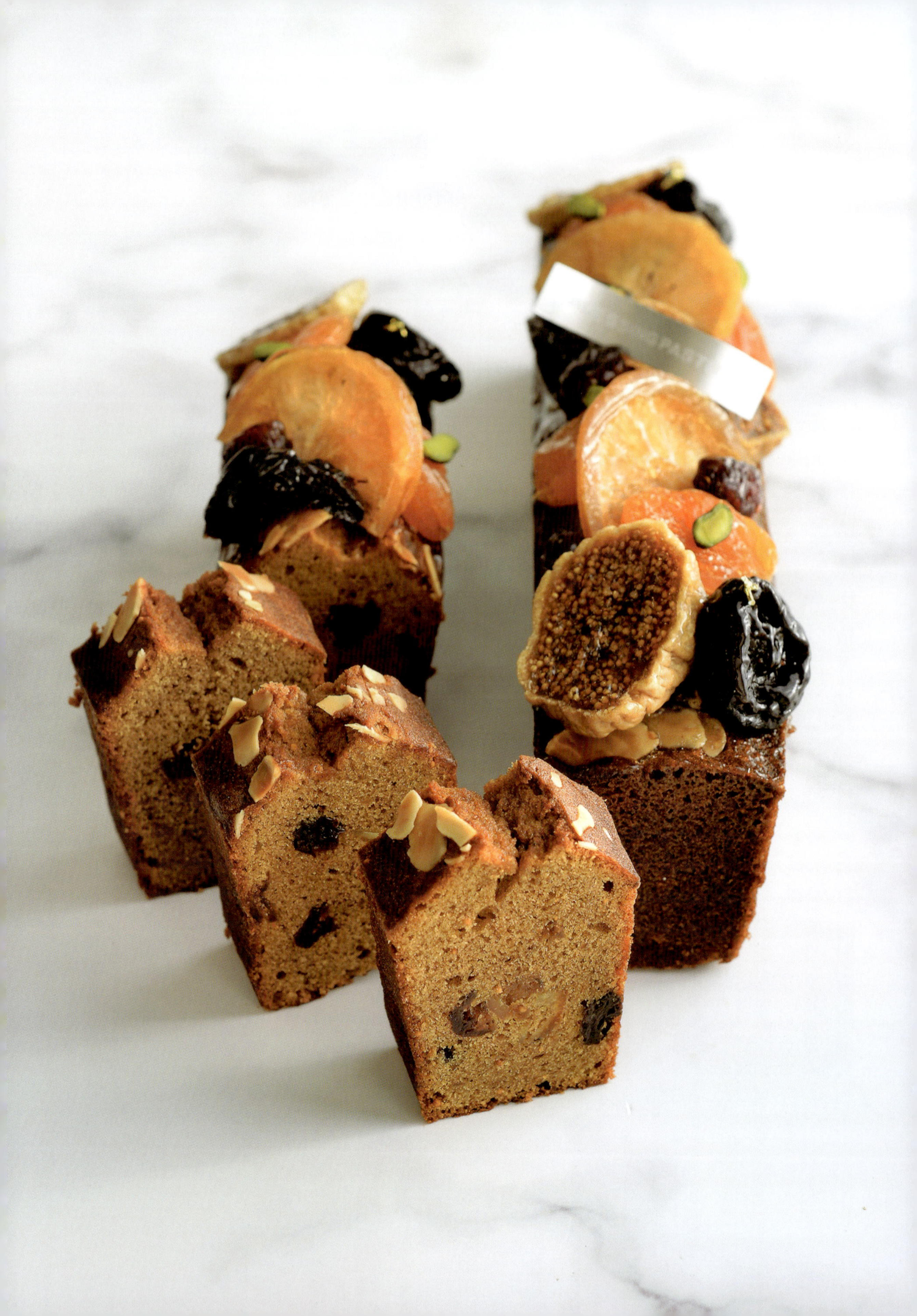

POUND CAKE
錫蘭水果旅行蛋糕

承襲法式水果蛋糕精髓，融入錫蘭紅茶，帶來溫潤馥郁的口感，
細膩茶韻搭配果乾的微醺甘甜，每一口展現濃厚層次，餘韻悠長。
表面使用大量的果乾裝飾出華麗的視覺感。

- 綜合果乾
- 開心果
- 酒漬果乾
- 錫蘭紅茶蛋糕

DATA
- 醇厚度 —— 輕淡 ■■■■□ 濃厚
- 口　感 —— 硬脆｜酥脆｜蓬鬆｜**濕潤**｜**豐厚紮實**
- 香　氣 —— 清新 ■■■□□ 濃厚

Tea 2　茶香藏韻的燒菓子＆旅行蛋糕

INGREDIENTS ｜ 材料 ｜　　份量／約2條

錫蘭紅茶蛋糕

Ⓐ　無鹽奶油…140g
　　糖粉…70g
　　轉化糖…14g
　　蜂蜜…14g
50%杏仁膏…50g
全蛋…120g
錫蘭紅茶粉…5g

Ⓑ　低筋麵粉…80g
　　高筋麵粉…30g
　　泡打粉…3g
酒漬果乾*…140g
杏仁片…10g
▶撒表面

表面用

綜合果乾…適量
開心果碎…適量
鏡面果膠…適量

※酒漬果乾

METHODS ｜ 作法 ｜

使用模型
01

水果條SN2132（2條每條320g）。

事前準備
02

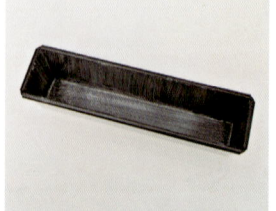

模型塗刷脫模油。

> 脫模油是指，將奶油和高筋麵粉以4：1比例攪拌混合均勻後使用。

錫蘭紅茶蛋糕
03

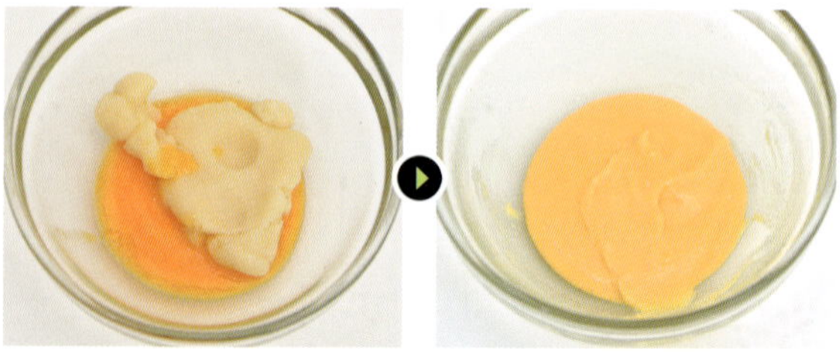

杏仁膏微波加熱回軟，加入1/3全蛋混合攪拌均勻。

04

將材料Ⓐ放入攪拌缸，以中速攪拌打到微發、泛白。

05

接著再將作法③加入作法④中攪拌均勻。

> 杏仁膏稍加熱軟化與蛋液拌合至無顆粒，再與打到微發的奶油混合攪拌會較容易融合均勻。

06

再加入錫蘭紅茶粉混合拌勻。

> 茶粉與蛋液先混合攪拌，更容易吸附味道，風味更好。

07

將剩餘的全蛋分次加入作法⑥中，確實攪拌至完全吸收乳化。

\ Texture /

→攪拌乳化的狀態

POUND CAKE

08 加入材料Ⓑ攪拌至接近8分均勻的狀態。

09 加入酒漬果乾攪拌混合均勻。

10 將麵糊倒入烤模（重約320g）。

組合完工

11 表面抹平後撒上杏仁片（每條約3〜5g），輕輕敲扣模型，使麵糊能均勻布滿模型，並排出多餘的氣泡。

12 用旋風烤箱，以150℃烘烤28分鐘。脫模，放置涼架上，在表面四周噴上提味的紅茶酒（份量外），冷卻。在表面擺放上果乾，薄刷鏡面果膠，用開心果點綴，放上蛋糕插卡裝飾。

🍃 讓果乾緊密的重疊，營造出豐盈立體的裝飾。

Tea 2　茶香藏韻的燒菓子＆旅行蛋糕

TOPPING

酒漬果乾

○ **材料**：杏桃乾15g、無花果乾30g、糖漬柳橙丁18g、櫻桃乾10g、葡萄乾18g、蔓越莓乾15g、核桃（烤過）6g、紅茶酒38g
○ **作法**：將杏桃乾、無花果乾切小丁狀，加入其餘所有材料混合拌勻，密封，放置常溫7天充分入味後使用。

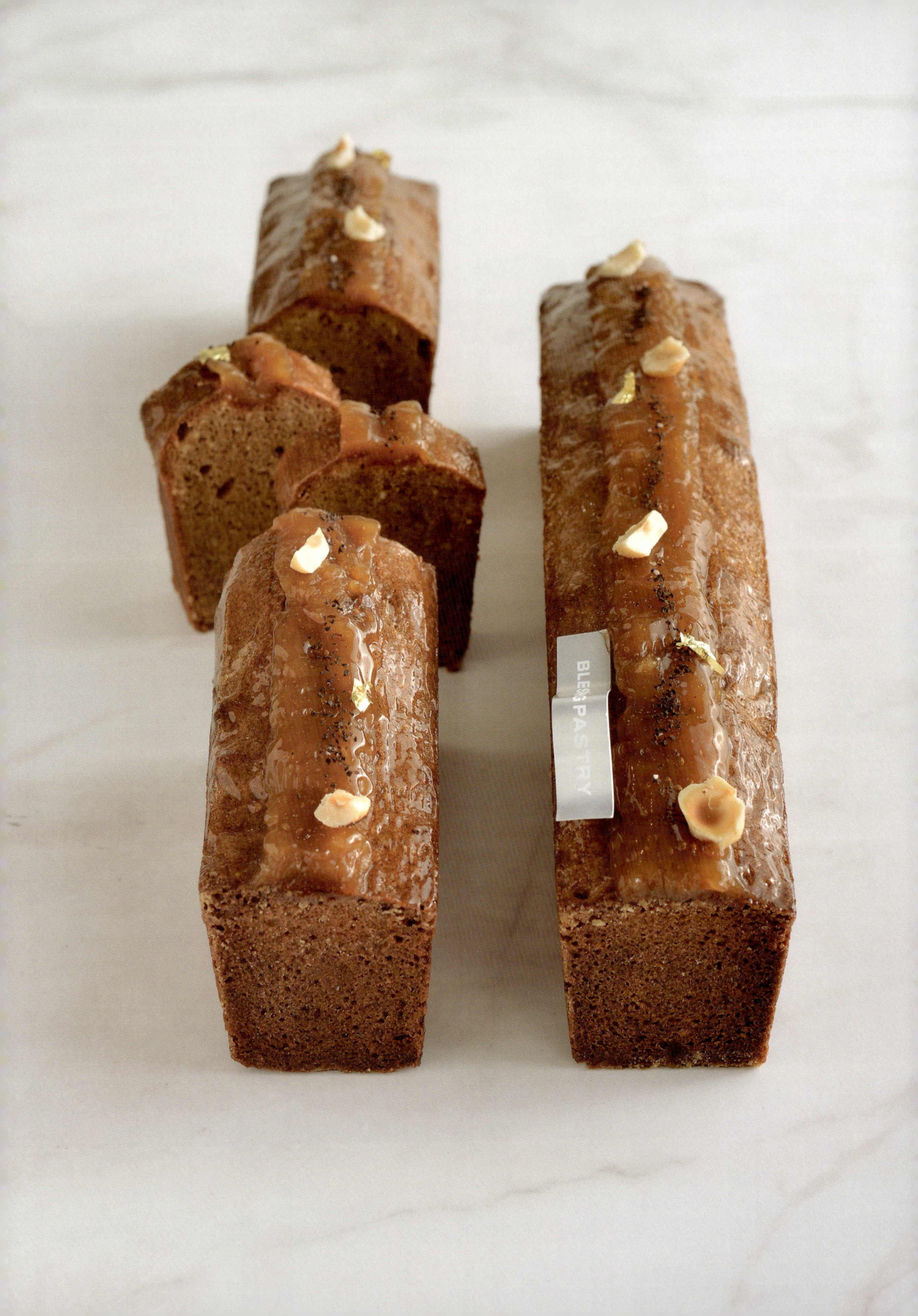
PASTRY

POUND CAKE

伯爵蘋果旅行蛋糕

融合伯爵茶的柑橘茶香與蘋果細膩的果香,濃郁的伯爵茶香滲入蛋糕體,搭配酸甜的糖漬蘋果,增添清甜果香與濕潤口感,茶香與果香交織清新不膩。

焦糖蘋果泥　　榛果粒

伯爵紅茶蛋糕

Tea 2 — 茶香藏韻的燒菓子&旅行蛋糕

DATA

- **醇厚度** ── 輕淡 ▇▇▇▇▢▢ 濃厚
- **口　感** ── 硬脆｜酥脆｜蓬鬆｜**濕潤**｜豐厚紮實
- **香　氣** ── 清新 ▇▇▢▢ 濃厚

INGREDIENTS ｜ 材料 ｜　　　　份量／約2條

伯爵紅茶蛋糕

無鹽奶油…100g
糖粉…125g
鹽…1.5g
50%杏仁膏…65g
全蛋…95g
蛋黃…40g
伯爵紅茶粉…5g

Ⓐ 榛果粉（或杏仁粉）…90g
　低筋麵粉…50g
　高筋麵粉…15g
　泡打粉…1g
糖漬蘋果丁（市售）…80g

表面用

焦糖蘋果果泥（P.171）…適量
榛果粒…適量
▶ 烤過，切半
杏桃果膠…適量

＊焦糖蘋果果泥的製作參見「紅玉蜜果」P.171，焦糖蘋果作法，打成泥使用。

METHODS ｜ 作法 ｜

使用模型

01 水果條SN2132（約2條）。模型塗刷脫模油參見P.102。

伯爵紅茶蛋糕

02 杏仁膏微波加熱回軟，加入1/3全蛋混合攪拌均勻。

03 將奶油、糖粉、鹽放入攪拌缸，以中速攪拌打到微發呈現泛白。

04 接著再將作法②加入作法③中攪拌均勻。

05 再加入伯爵紅茶粉混合拌勻。

06 將剩餘的全蛋、蛋黃分次加入作法⑤中，確實攪拌至完全吸收乳化。

\ Texture / 
→ 攪拌乳化的狀態

07 加入材料Ⓑ攪拌至接近8分均勻的狀態，加入糖漬蘋果丁攪拌均勻。

08 將麵糊倒入烤模，抹平表面，輕敲扣模型，使麵糊能均勻布滿模型，並排出多餘的氣泡。

09 用旋風烤箱，以150℃烘烤30分鐘。脫模，放置涼架上，噴上提味的紅茶酒（份量外）。

組合完工

10 在表面中間擠上焦糖蘋果泥（平口花嘴），擺放上烤過的榛果粒，撒上伯爵茶粉點綴。

POUND CAKE
抹茶栗子旅行蛋糕

POUND CAKE
抹茶栗子旅行蛋糕

日本抹茶粉清新甘醇，散發淡雅苦韻，融入糖漬栗子，口感綿密，甜度柔和，層層交織茶香，使風味更添深度。

標示：
- 栗子餡
- 開心果
- 抹茶栗子蛋糕
- 糖漬栗子
- 抹茶淋面巧克力
- 糖漬栗子

DATA
- **醇厚度** —— 輕淡 ▇▇□□□ 濃厚
- **口　感** —— 硬脆｜酥脆｜蓬鬆｜**濕潤**｜豐厚紮實
- **香　氣** —— 清新 ▇▇□□□ 濃厚

INGREDIENTS ｜ 材料 ｜　　份量／約2條

抹茶栗子蛋糕

A
- 無鹽奶油…140g
- 糖粉…90g
- 海藻糖…40g
- 鹽…1.2g
- 蜂蜜…12g

50%杏仁膏…32g
全蛋…130g
抹茶粉…4g

B
- 杏仁粉…30g
- 低筋麵粉…60g
- 高筋麵粉…30g
- 泡打粉…2g

糖漬栗子…85g
▶ 切小塊

抹茶淋面巧克力

抹茶巧克力…300g
太白胡麻油…30g

表面用_栗子餡

含糖栗子餡…125g
無糖栗子餡…75g
無鹽奶油…37.5g

METHODS ｜ 作法 ｜

使用模型
01

水果條SN2132（約2條）。模型塗刷脫模油參見P.102。

抹茶淋面巧克力
02

將抹茶巧克力隔水加熱融化，加入太白胡麻油均質混合均勻。

栗子餡
03

將所有材料攪拌混合均勻，過篩後使用。

抹茶栗子蛋糕
04

杏仁膏微波加熱回軟，加入1/3全蛋混合攪拌均勻。

05

將材料Ⓐ放入攪拌缸，以中速攪拌打到微發、泛白。

06

接著再將作法④加入作法⑤中攪拌均勻。

07

再加入抹茶粉混合拌勻。再將剩餘的全蛋分次加入，確實攪拌至完全吸收乳化。

08

加入材料Ⓑ攪拌至接近8分均勻的狀態，加入糖漬栗子攪拌均勻。

09

將麵糊倒入烤模，抹平表面，輕敲扣模型，使麵糊能均勻布滿模型，並排出多餘的氣泡。

10

用旋風烤箱，以150℃烘烤30分鐘。脫模，放置涼架上，冷卻。

組合完工
11

將蛋糕體冷凍後，放在架高的網架上，表面淋上抹茶淋面巧克力，用抹刀抹平，披覆完成。

12

蒙布朗花嘴

在表面中間擠上栗子餡（蒙布朗花嘴），相間隔的放上栗子粒、開心果粒，用金箔點綴。

Tea 2　茶香藏韻的燒菓子&旅行蛋糕

— 109 —

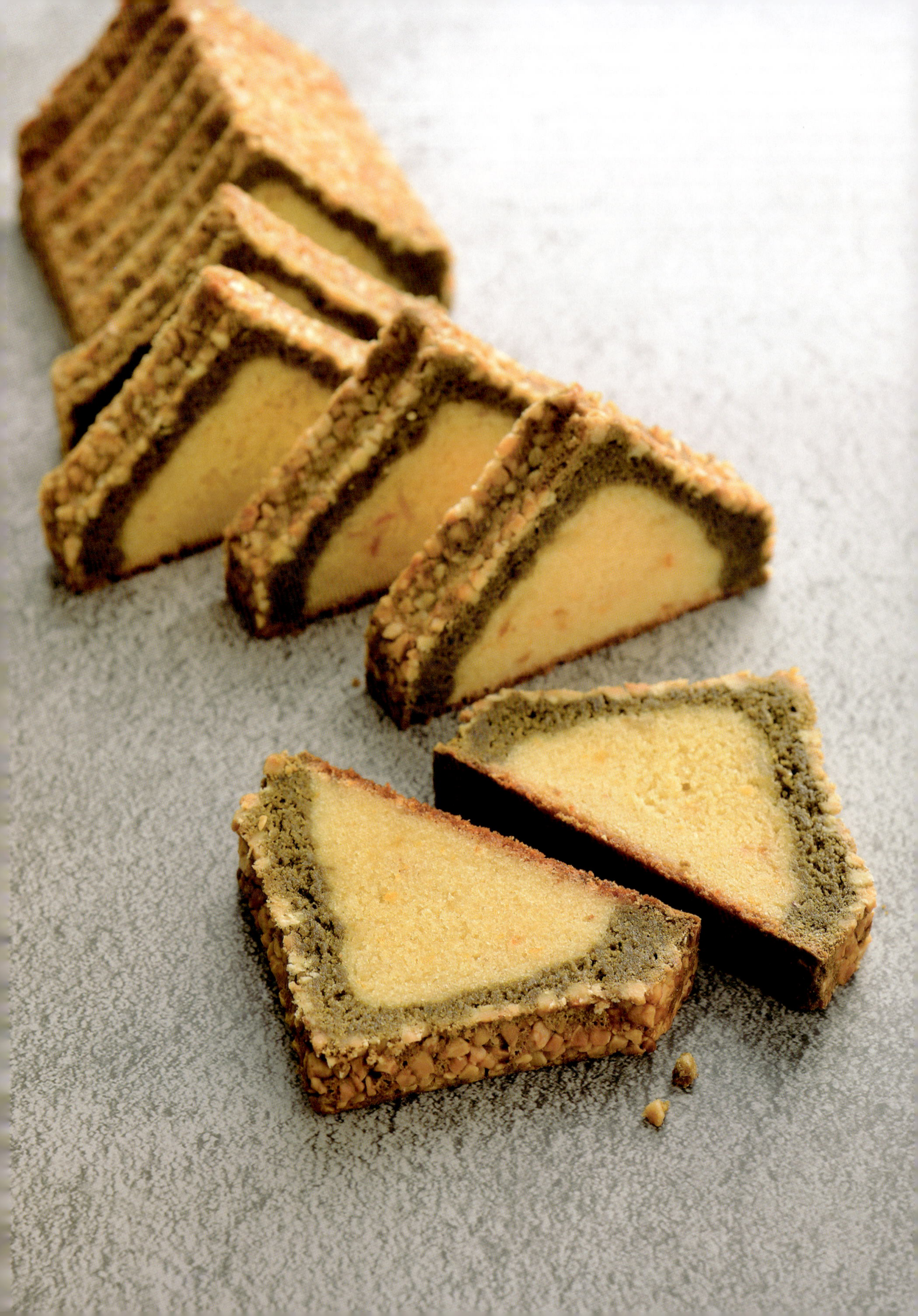

POUND CAKE

四季春橙香艾可斯

靈感源自於法國傳統Cake Écossais，這款糕點以其紮實濕潤口感著稱，將台灣茶元素融入其中，展現出獨特的層次與芳香。

- 杏仁角
- 四季春達克瓦茲
- 柳橙杏仁蛋糕

DATA

- **醇厚度** —— 輕淡 ▮▮▯▯▯ 濃厚
- **口　感** —— 硬脆｜酥脆｜**蓬鬆**｜**濕潤**｜豐厚紮實
- **香　氣** —— 清新 ▮▮▯▯▯ 濃厚

INGREDIENTS ｜ 材料 ｜

份量／約1條

四季春達克瓦茲

- 蛋白…67.5g
- 細砂糖…45g
- 杏仁粉…67.5g
- 四季春茶粉…7.5g
- 糖粉…22.5g

柳橙杏仁蛋糕

- 無鹽奶油…65g
- 糖粉…65g
- 全蛋…65g
- Ⓐ｜杏仁粉…65g
　｜低筋麵粉…20g
- 糖漬柳橙皮絲…28g
- 新鮮柳橙皮屑…0.2個

表面用

- 杏仁角…適量
  ▶ 撒在模型中

Tea 2　茶香藏韻的燒菓子＆旅行蛋糕

METHODS ｜ 作法 ｜

使用模型
01

鹿背蛋糕模SN6871（1條）。

事前準備
02

模型塗刷脫模油，撒上杏仁角。

四季春達克瓦茲
03

蛋白、細砂糖以高速攪拌打發至勾角挺立的狀態。

🍃 脫模油是指，將奶油和高筋麵粉以4：1比例攪拌混合均勻後使用。

\ Texture / 
→攪拌到硬挺狀態

04

杏仁粉、四季春茶粉、糖粉混合過篩加入作法③的打發蛋白中。

05

用橡皮刮刀輕輕壓拌混合均勻。

柳橙杏仁蛋糕

\ Texture / 
→攪拌到這種狀態

06

將奶油、糖粉放入攪拌缸，以中速攪拌打到微發、泛白。

07

分次加入全蛋，每次加入蛋液都要確實攪拌，再加入下一次的蛋液，攪拌至完全吸收乳化，加入柳橙皮屑拌勻。

POUND CAKE

08
再加入混合過篩的材料Ⓐ，攪拌均勻至無粉粒。

\ Texture /
→攪拌到這種狀態

09
加入糖漬柳橙皮絲混合攪拌均勻。

組合烘烤

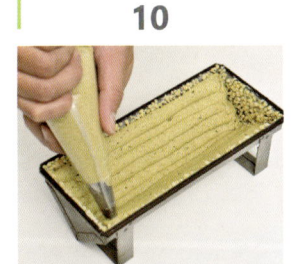

10
在模型內側四周擠入一層達克瓦茲麵糊（約200g）。

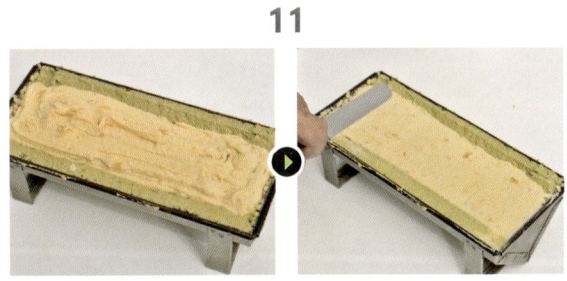

11
再擠入柳橙杏仁蛋糕麵糊（約300g），用抹刀抹平表面，輕輕敲扣模型，使麵糊能均勻布滿模型，並排出多餘的氣泡。

12
用旋風烤箱，以160℃烘烤15分鐘，表面加蓋，續烤25分鐘。脫模，放置涼架上，冷卻。

美味保存

關於常溫蛋糕的保存

烤好冷卻後的常溫蛋糕直接吃就很好吃了，但有些的常溫糕點，隔天的味道會更加熟成，口感風味會更加溫潤美味。未加工裝飾（如擠入內餡、披覆）的常溫蛋糕磅蛋糕、燒菓子，在完全冷卻後密封包裝脫氧放室溫，約能維持5～7天柔軟、濕潤的美味口感。

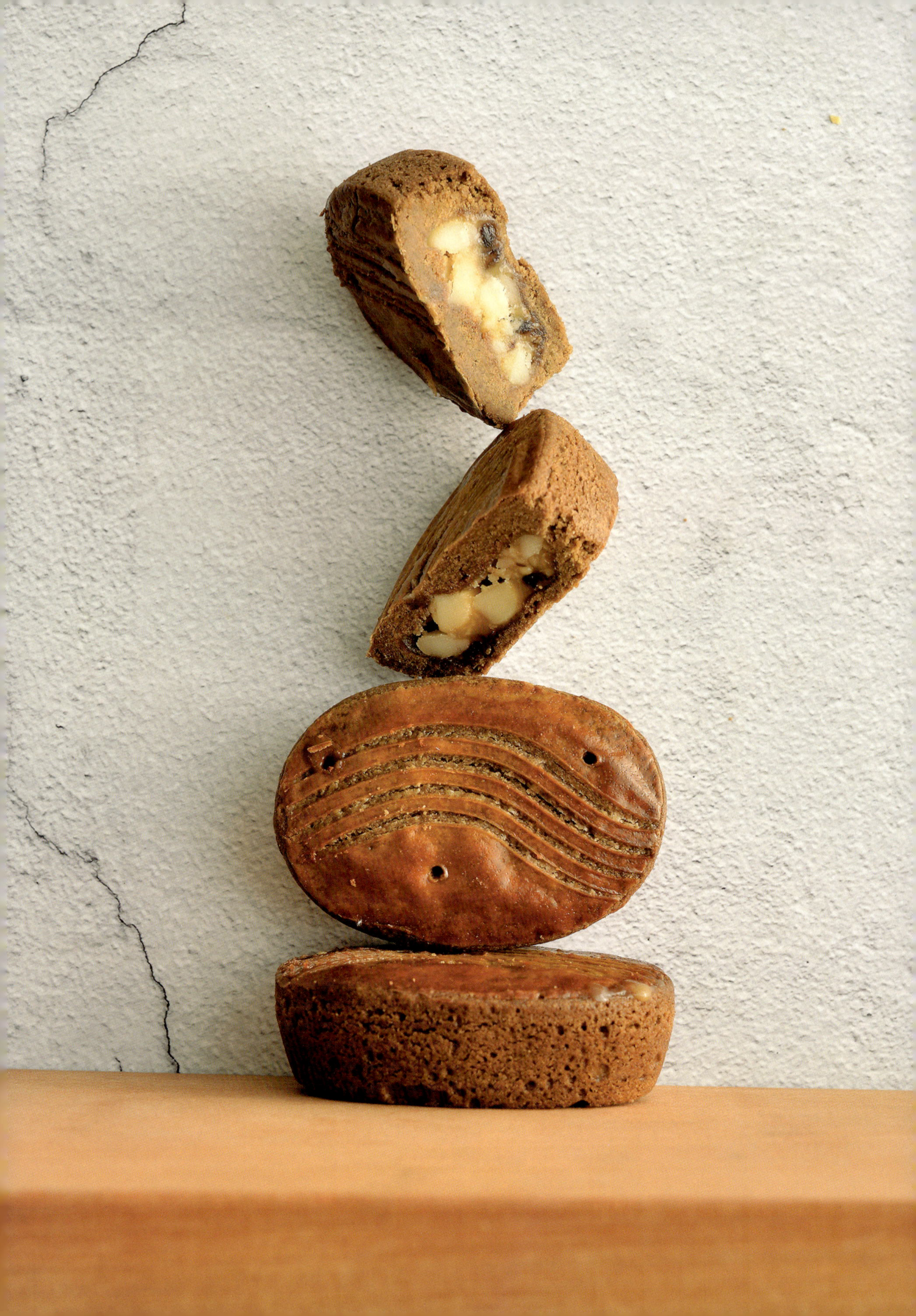

SABLES BRETON
阿薩姆紅茶緹娜

以阿薩姆紅茶展現馥郁茶香，結合焦糖夏威夷果仁，香脆濃郁。
融入煙燻桂圓，果香醇厚，木質煙燻氣息，交織堅果的圓潤甘甜。

焦糖堅果餡　　塔皮

DATA
- **醇厚度** —— 輕淡 ■■■■□ 濃厚
- **口　感** —— 硬脆 | **酥脆** | 蓬鬆 | 濕潤 | **豐厚紮實**
- **香　氣** —— 清新 ■■■■□ 濃厚

Tea 2　茶香藏韻的燒菓子＆旅行蛋糕

INGREDIENTS ｜ 材料 ｜　　份量／約9個

塔皮
無鹽奶油…120g
糖粉…60g
全蛋…27.5g
鹽…0.6g
阿薩姆紅茶粉…6g
Ⓐ ｜ 低筋麵粉…180g
　｜ 泡打粉…2.5g

焦糖堅果餡
Ⓑ 動物鮮奶油…50g
　 蜂蜜…75g
　 葡萄糖漿…12.5g
　 海藻糖…10g
　 鹽…0.25g
　 無鹽奶油…20g
　 三溫糖…40g
煙燻桂圓乾…20g ▶切碎
夏威夷豆…140g ▶烤過切碎

表面用_蛋黃液
蛋黃…20g
鮮奶油…5g
▶拌勻，過篩

METHODS ｜ 作法 ｜

使用模型

01 橢圓形模8×5×1.8cm（約9個）。

焦糖堅果餡

02 將材料Ⓑ放入鍋中，以中小火邊加熱、邊拌煮至沸騰至115℃。

→完成的狀態

03 加入煙燻桂圓、夏威夷豆混合拌勻，離火，倒入平盤、攤平，用塑膠袋包覆好，放涼。

🍃 夏威夷豆用150℃烤8分鐘至微上色釋出香氣後使用。

塔皮

04 奶油、糖粉、鹽放入攪拌缸，以低速攪拌至呈現乳霜狀。

05 加入阿薩姆紅茶粉攪拌混合均勻。

06 分次加入全蛋確實攪拌至完全吸收乳化。

→攪拌至乳化狀態

07 接著加入材料Ⓐ攪拌至無粉粒，用保鮮膜包覆，放冷藏一晚。

SABLES BRETON

08 取出麵團分割成35g，壓成圓扁狀，鋪放塔模中，沿著塔模按壓塑型，使麵皮緊貼塔模。

09 用竹籤戳孔，並沿著模邊按壓塑型，將麵皮延展至厚薄一致。

10 切除多餘的部分，完成底部的塔皮。

11 將焦糖堅果餡填入塔皮（約25g），稍壓按壓平整。

12 另將剩餘的麵團聚集成團，壓扁後用擀麵棍擀壓成厚度0.5cm。

13 將麵皮鋪放在塔模上，擀壓出上層塔皮，模邊稍收合使其密合。

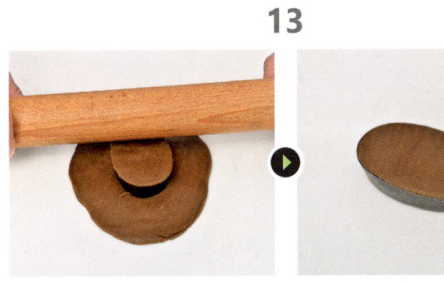

14 表面塗刷上蛋黃液，稍靜置風乾，再塗刷一次蛋黃液，用叉子在表面劃出曲線紋路，並用竹籤戳孔洞。

15 用旋風烤箱，以170℃烘烤20分鐘。脫模，放置涼架上，冷卻。

Tea 2 茶香藏韻的燒菓子＆旅行蛋糕

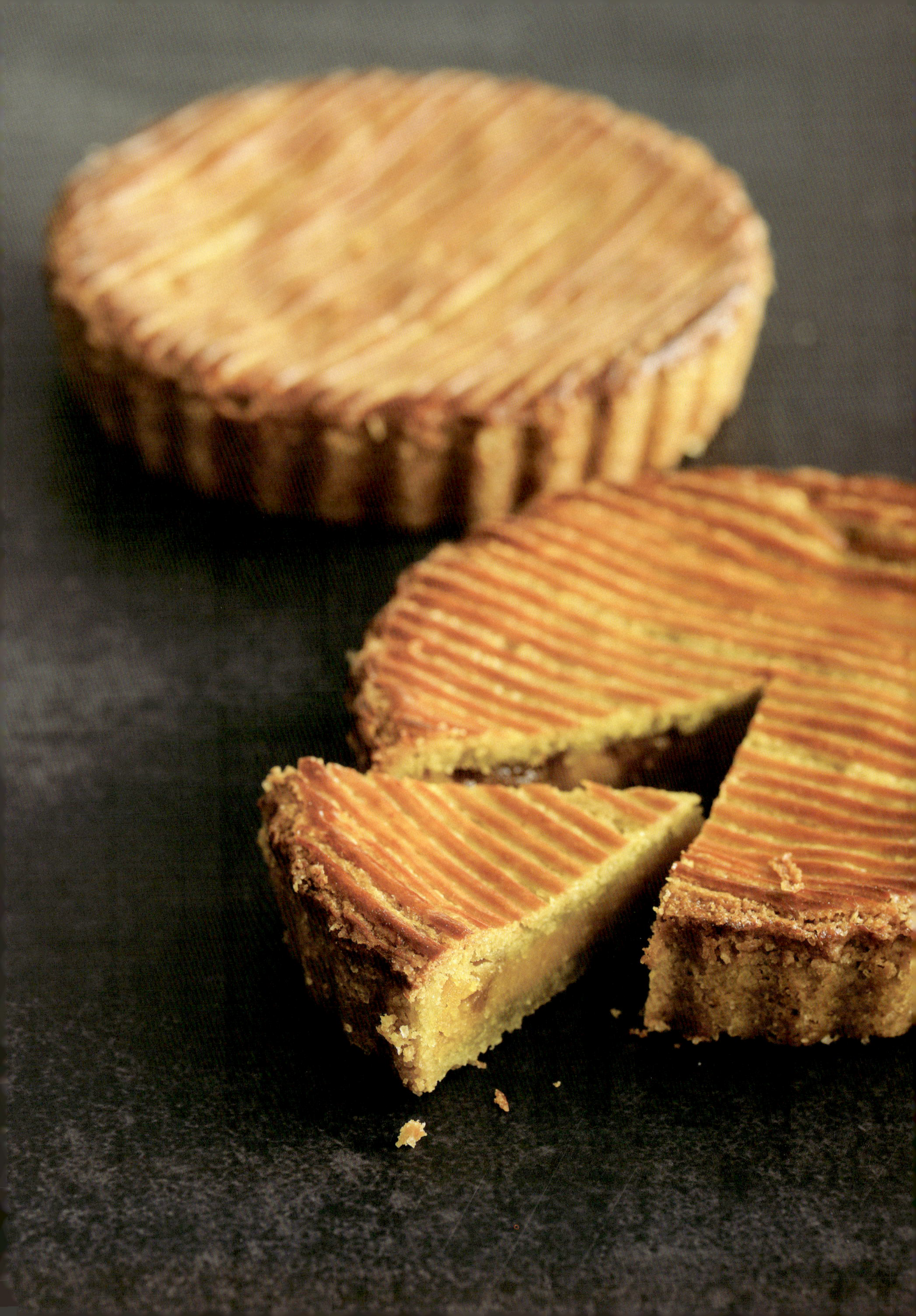

SABLES BRETON
包種茶巴斯克餅

巴斯克餅是源自於法國巴斯克地區的傳統糕點。在這款巴斯克餅中，
藉由東方的茶韻融入法式甜點。揉合輕發酵包種茶、茶香清揚，帶有花香與蜜韻。
佐以熱帶水果熬煮內餡，酸甜鮮明，層次豐富，以台灣風土演繹的法式經典。

卡士達餡
包種茶巴斯克餅
蜜漬鳳梨

DATA

- 醇厚度 —— 輕淡 ▮▮▮ 濃厚
- 口　感 —— 硬脆 | **酥脆** | **蓬鬆** | **濕潤** | 豐厚紮實
- 香　氣 —— 清新 ▮▮▮ 濃厚

Tea 2

茶香藏韻的燒菓子＆旅行蛋糕

INGREDIENTS ｜ 材料 ｜

份量／約4個

包種茶巴斯克餅

A｜無鹽奶油…135g
　｜鹽…0.5g
　｜細砂糖…90g
　｜三溫糖…60g
包種茶粉…3g
蛋黃…60g
B｜低筋麵粉…150g
　｜杏仁粉…60g

內餡_卡士達餡

C｜細砂糖…42.5g
　｜蛋黃…50g
低筋麵粉…25g

D｜鳳梨果泥…100g
　｜芒果果泥…100g
　｜百香果果泥…50g
　｜香草莢醬…1.5g
　｜細砂糖…20g
　｜無鹽奶油…25g
杏仁粉…62.5g
芒果酒…5g

內餡_蜜漬鳳梨*

蜜漬鳳梨…80g

表面用_蛋黃液

蛋黃…20g
鮮奶油…5g
▶拌勻，過篩

METHODS ｜ 作法 ｜

使用模型

01 直徑11.8×高2cm派模。

02 直徑11cm圓形模框。

事前準備

03 將派模塗刷薄薄一層的奶油，表面均勻撒上細二砂。

卡士達餡

04 將材料Ⓒ放入鋼盆，用打蛋器攪拌至微泛白。

05 再加入低筋麵粉混合拌勻。

06 將材料Ⓓ放入鋼盆裡，以中小火加熱煮沸後，邊沖入作法⑤中、邊持續攪拌混合均勻。

07 再回煮加熱至濃稠，離火。

Texture →攪拌到這種狀態

08 加入杏仁粉、芒果酒混合拌勻，用塑膠袋密封包覆，冷藏。

包種茶巴斯克餅

09 將材料Ⓐ放入攪拌缸，以中速攪拌打發至泛白的乳霜狀。

10 加入包種茶粉混合攪拌均勻至看不見粉粒。

11 接著分次慢慢的加入蛋黃混合拌勻至融合。

\ Texture / 
→攪拌到這種狀態

12 加入過篩的材料Ⓑ混合拌勻至無粉粒，用保鮮膜包覆，稍拍扁，放冷藏一晚。

組合烘烤

13 從冷藏取出麵團延壓成厚度0.3cm。用圓形切模壓切底部的圓形麵皮、裁切圓周的長條麵皮。

14 圍邊長條。將長33×寬1.5×厚度0.3cm長條麵皮，鋪放派模周圍，沿著模邊按壓使麵皮貼合模型，塑型。

15 下層皮。將直徑10cm圓形麵皮，鋪放派模中，按壓底部使麵皮貼合模型並使四周密合。

SABLES BRETON

Tea 2 茶香藏韻的燒菓子&旅行蛋糕

SABLES BRETON

16 擠卡士達餡。在派皮裡由中間往外，以擠螺旋的方式擠入卡士達餡（約70g）。

17 鋪蜜漬鳳梨。平均鋪放蜜漬鳳梨（約20g），用刮刀抹平表面。

18 上層皮。將剩餘麵團聚集成團，壓扁後用擀麵棍擀壓成厚度0.3cm，用圓形切模壓切。

19 壓切成直徑11cm的圓形麵皮，作為上層皮。

20 將上層皮覆蓋於派模上面。

21 用擀麵棍由上而下順勢擀壓平使其黏貼密合，整型。

22 表面塗刷蛋黃液，稍靜置風乾，再塗刷蛋黃液後用叉子劃切紋路。放入烤箱，以上下火170℃烘烤30分鐘。

23 完成包種茶巴斯克餅。

TOPPING

蜜漬鳳梨乾

○ 材料：鳳梨乾100g、鳳梨酒25g
○ 作法：將鳳梨乾切小塊，加入鳳梨酒浸泡至吸收入味即可。

CAKE

紅烏龍蒂克蕾

CAKE

紅烏龍蒂克蕾

以台灣紅烏龍茶，混合牛奶巧克力，交織出細膩的層次，
獨有的熟果蜜香和焙火甘韻，與濃醇的巧克力相融，
宛如虎斑紋理般錯落，讓吃進嘴裡的每一口都充滿驚。

杏桃果醬　　　　　　　　　　　　　　　　　紅烏龍茶巧克力
　　　　　　　　　　　　　　　　　　　　　紅烏龍茶蛋糕

DATA

- 醇厚度 ── 輕淡 ▮▮▮▮▮ 濃厚
- 口　感 ── 硬脆｜酥脆｜蓬鬆｜**濕潤**｜**豐厚紮實**
- 香　氣 ── 清新 ▮▮▮▮▮ 濃厚

INGREDIENTS　｜　材料　｜　　　　　　份量／約15個

紅烏龍茶蛋糕

Ⓐ 蛋白…135g
　轉化糖…15g
　　▶ 可用蜂蜜代替
　鹽…0.5g
　細砂糖…75g
　海藻糖…25g

Ⓑ T55法國麵粉…35g
　杏仁粉…160g
　無鹽奶油…145g
　紅烏龍茶粉…2g
　58%巧克力…65g
　　▶ 切碎

內餡_紅烏龍茶巧克力

牛奶巧克力…100g
Ⓒ 紅茶烏龍茶粉…1g
　液態油…10g

杏桃果醬（P.66）…適量

METHODS ｜ 作法 ｜

使用模型
01 
8連空心圓型矽膠模SF011。

事前準備
02 
將矽膠模噴上烤盤油。

蛋糕體
03  
將材料Ⓐ放入攪拌缸，以慢速攪拌打至起粗泡，加入材料Ⓑ混合拌勻。

04 
將奶油放入鍋裡煮成重度焦化奶油，降溫至45℃使用。焦化奶油的製作參見「炭焙烏龍費南雪」P.132作法5-9。

05 
將焦化奶油加入紅烏龍茶茶粉用打蛋器混合拌勻。

06 
將作法⑤分次加入作法③中用打蛋器混合攪拌。

07 
再加入巧克力碎拌勻，用塑膠袋覆蓋，放冷藏一晚。

08 
從冷藏取出麵糊，裝入擠花袋，擠入矽膠模中（約40g）。

09 
放入烤箱，以上下180℃烘烤15分鐘。脫模，放置涼架上，冷卻。

紅烏龍茶巧克力
10 
牛奶巧克力放入鋼盆裡，將材料Ⓒ攪拌混合後，倒入牛奶巧克力中混合拌勻至乳化。

組合完工
11 
在蛋糕體的凹槽處先擠入杏桃果醬（約3～5g），再擠一層紅烏龍茶巧克力（約5g）。

Tea 2 茶香藏韻的燒菓子&旅行蛋糕

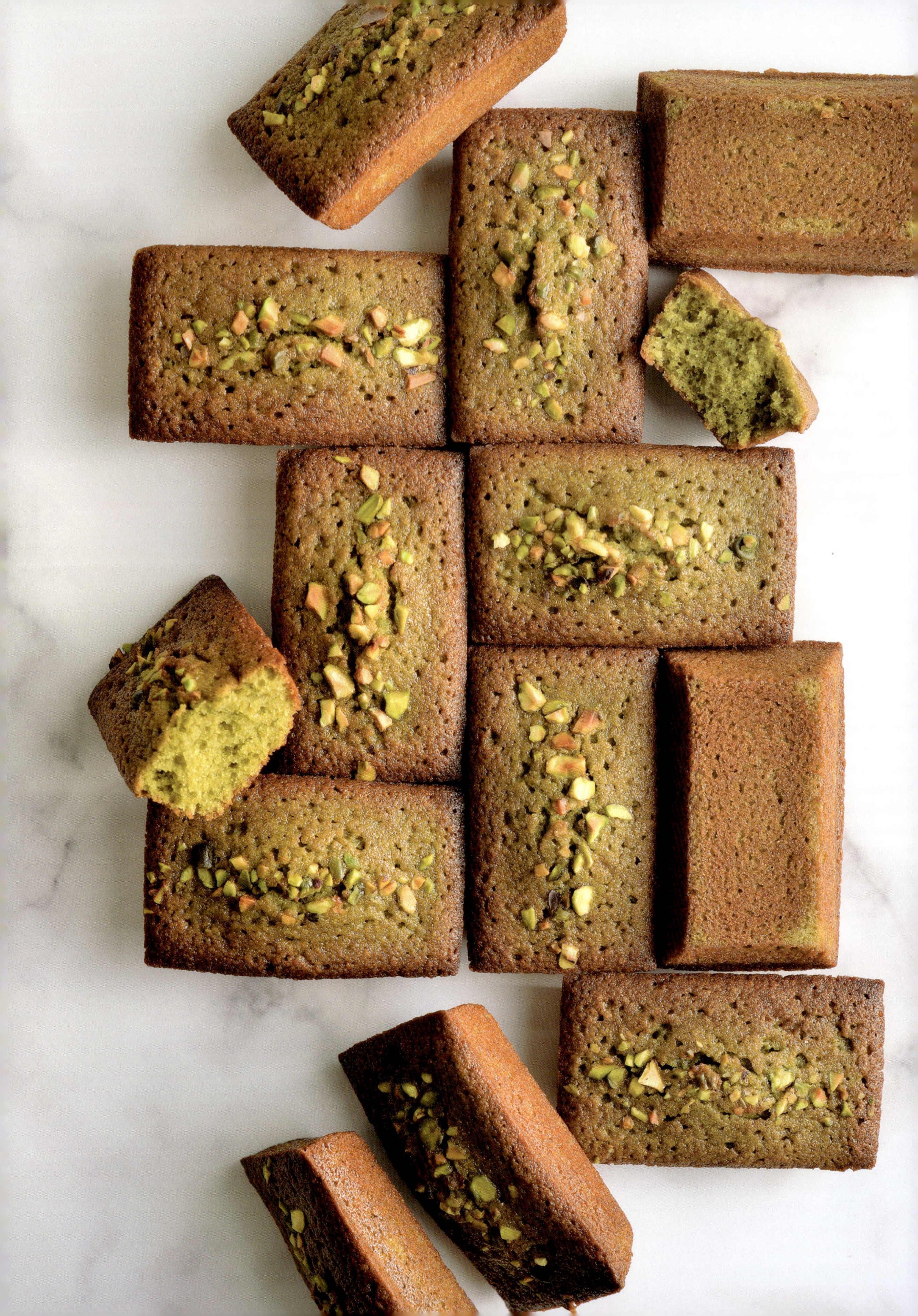

FINANCIER

包種茶費南雪

費南雪的美味在於焦香奶油與杏仁粉的香氣。相對於運用瑪德蓮麵糊膨脹力的製作，費南雪則是抑制膨脹力以作出黏稠的口感。結合煮到中程度的焦化奶油，帶出包種茶的茶香。焦化奶油的香氣、包種茶的茶香，完美結合了滋潤、香氣口感，做法簡單，卻有著豐富層次。

包種茶費南雪 —————— 開心果碎

DATA

- 醇厚度 —— 輕淡 ■■■ □□ 濃厚
- 口　感 —— 硬脆｜酥脆｜蓬鬆｜**濕潤**｜豐厚紮實
- 香　氣 —— 清新 ■■■ □□ 濃厚

Tea 2　茶香藏韻的燒菓子＆旅行蛋糕

INGREDIENTS ｜ 材料 ｜　　份量／約32個

包種茶費南雪

Ⓐ 蛋白…345g
　▶恢復室溫25℃
　蜂蜜…15g
　細砂糖…315g
　鹽…2g

Ⓑ 杏仁粉…180g
　T55法國麵粉…90g
　泡打粉…3g

包種茶茶粉…15g
無鹽奶油…225g
開心果碎…適量
　▶表面用

— 127 —

METHODS ｜ 作法 ｜

使用模型
01

千代田費南雪模型（每個35g）。

事前準備
02

在模具內側塗抹一層融化奶油（份量外），邊角處也要仔細塗刷。

包種茶費南雪
03

焦化奶油（中度焦化）。奶油放入鍋裡，以中小火邊加熱，邊用打蛋器攪拌，不斷地持續混拌，讓奶油均勻融化煮至焦化，離火，底部隔著冰水迅速降溫至50℃。

🍃 用冰水立即降溫，避免持續加熱上升。

04

將作法③用濾網過濾即成焦化奶油。

🍃 過濾去除焦化過程中的沉澱物，讓質地更細緻。

\ Texture / 
→煮到這種狀態

05

將包種茶粉倒入焦化奶油裡。

06

攪拌混合均勻。

07

將材料Ⓐ放入攪拌缸，以高速攪拌至起粗泡。

\ Texture / 
→攪拌到這種狀態

— 128 —

FINANCIER

08

接著加入材料Ⓑ混拌至整體融合的濃稠滑順狀。

🍃 攪拌時注意不要過度攪拌,以免麵糊出筋,影響口感。

09

再加入作法⑥攪拌至乳化滑順狀態（舀起時會呈現緩慢滴落的黏性），覆蓋保鮮膜,放冷藏一晚。

\ Texture /

→完成狀態

10

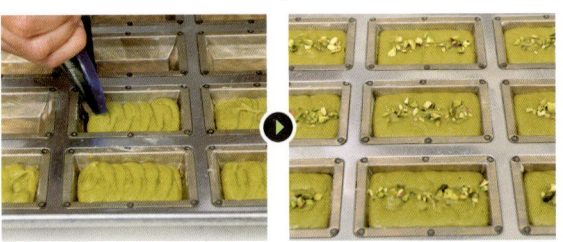

從冷藏取出麵糊放室回溫至25℃,填入擠花袋,擠入模型中（約35g）,表面撒上開心果碎。

11

用旋風烤箱,以170℃烘烤12分鐘。脫模,倒扣放置於涼架上,冷卻。

🍃 費南雪一出爐就要立即脫模,以免持續加熱導致水分蒸發,口感變乾。

Tea 2　茶香藏韻的燒菓子＆旅行蛋糕

關鍵靈魂

焦化奶油

焦化奶油（beurre noisette）也稱榛果奶油。奶油加熱至乳固體與水分分離後因產生梅納反應而散發出堅果般香氣,顏色也會轉成焦糖深色的金褐色澤,故有榛果奶油之稱。其風味更勝一般奶油,能夠提升糕點的香氣與層次。費南雪、旅人蛋糕麵糊的深層香氣和濃郁風味都是由此而來。

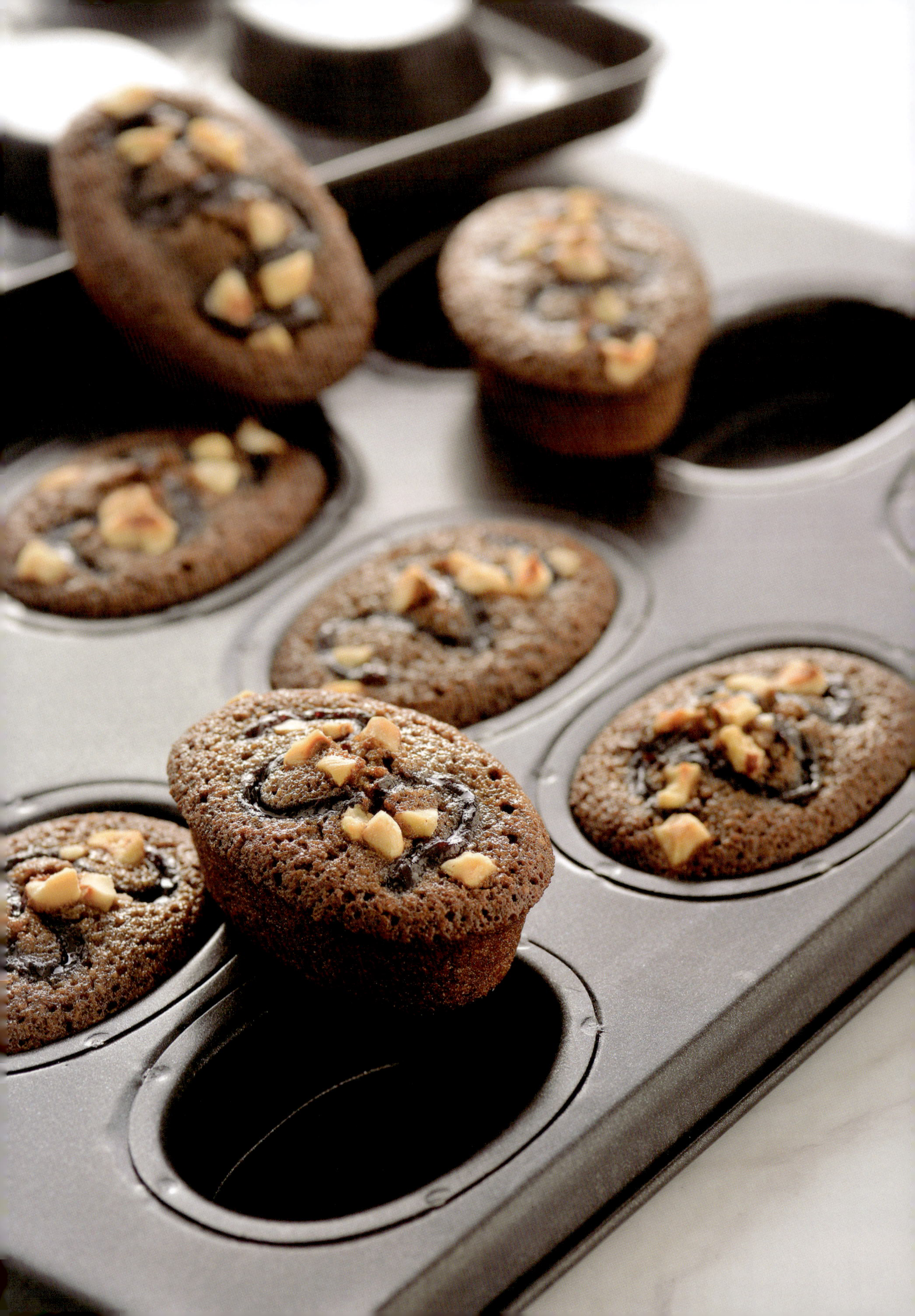

FINANCIER
炭焙烏龍費南雪

費南雪的獨特風味主要來自於焦化奶油和杏仁粉交織出的濃郁口感。
將炭焙烏龍茶茶粉結合於煮至重程度的焦化奶油裡，
醇厚榛果香氣，濃郁茶香加上焙火韻味，搭配黑莓果醬，讓香氣與口感更有深度。

黑莓果醬
榛果碎
炭焙烏龍費南雪

DATA
- **醇厚度** —— 輕淡　　　　　　　濃厚
- **口　感** —— 硬脆｜酥脆｜蓬鬆｜**濕潤**｜豐厚紮實
- **香　氣** —— 清新　　　　　　　濃厚

Tea 2
茶香藏韻的燒菓子＆旅行蛋糕

INGREDIENTS ｜ 材料 ｜　　份量／約32個

炭焙烏龍費南雪

Ⓐ 蛋白…345g
　　▶恢復室溫25℃
　蜂蜜…15g
　島砂糖…150g
　細砂糖…165g
　鹽…2g
Ⓑ 杏仁粉…180g
　T55法國麵粉…95g
　泡打粉…3g

Ⓒ 炭焙烏龍茶茶粉…10g
　無鹽奶油…225g
　榛果碎…適量
　　▶撒在表面

表面用_黑莓果醬

黑莓果泥…100g
Ⓓ 細砂糖…45g
　NH果膠粉…1.6g
檸檬汁…2g

— 131 —

METHODS ｜ 作法 ｜

使用模型
01 
橢圓形模型長7×寬4.5×高2cm。

事前準備
02 
在模具內側塗抹一層融化奶油（份量外）。

黑莓果醬
03 
黑莓果泥，以中小火加熱至40℃，加入事先混合均勻的材料Ⓓ，邊加熱邊攪拌均勻至融化。

04 
轉中火，不斷拌煮2分鐘至濃稠，離火，加入檸檬汁拌勻，倒入平盤，保鮮膜緊貼覆蓋，待冷卻。

炭焙烏龍費南雪
05
焦化奶油（重度焦化）。奶油放入鍋裡，以中小火邊加熱，邊用打蛋器攪拌，不斷地持續混拌，讓奶油均勻融化煮至焦化，離火。

06 
底部隔著冰水迅速降溫至50℃。

07 
將作法⑥用濾網過濾。

08
即成焦化奶油。

\ Texture /
→煮到這種狀態

🍃 過濾去除焦化過程中的沉澱物，讓質地更細緻。

09
將焦化奶油加入炭焙烏龍茶茶粉混合均勻，備用。

FINANCIER

10 
將材料Ⓐ放入攪拌缸，以高速攪拌至起粗泡。

\ Texture / 
→攪拌到這種狀態

11 
接著加入材料Ⓑ混拌至整體融合的濃稠滑順狀。

🍃 攪拌時注意不要過度攪拌，以免麵糊出筋，影響口感。

12 
再加入作法⑨攪拌至乳化滑順狀態（舀起時會呈現緩慢滴落的黏性），覆蓋保鮮膜，放冷藏一晚。

\ Texture / 
→完成狀態

13 
從冷藏取出麵糊放室溫至25℃，填入擠花袋，擠入模型中（約35g），表面擠上黑莓果醬。

14 
撒上榛果碎。

15 
用旋風烤箱，以170℃烘烤12分鐘。脫模，倒扣放置於涼架上，冷卻。

🍃 費南雪一出爐就要立即脫模，以免持續加熱導致水分蒸發，口感變乾。

Tea 2 茶香藏韻的燒菓子&旅行蛋糕

— 133 —

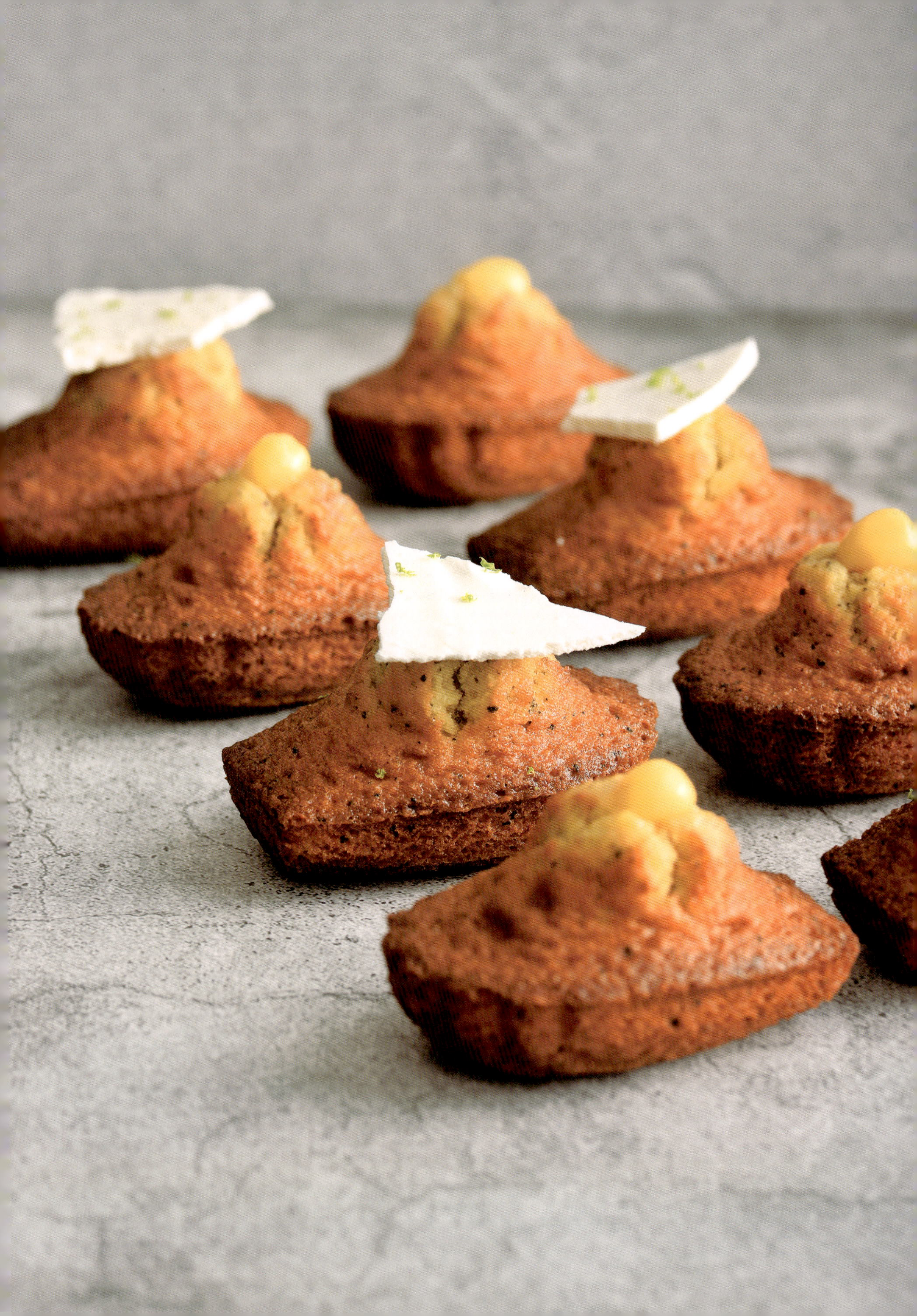

MADELEINE

伯爵檸檬瑪德蓮

由粗粉狀的伯爵紅茶與清香的檸檬，組合成的新口感風味。
撲鼻的茶香蛋糕體中間灌入溫潤檸檬奶油餡，甜中帶酸；
加上清香的檸檬屑，薄脆蛋白餅，看起來格外有質感。

檸檬皮屑　　　　　　　　　　　　　　　檸檬奶餡
　　　　　　　　　　　　　　　　　　　伯爵紅茶瑪德蓮

DATA

- **醇厚度** —— 輕淡 ▆▆▆▆▆ 濃厚
- **口　感** —— 硬脆｜酥脆｜**蓬鬆**｜**濕潤**｜豐厚紮實
- **香　氣** —— 清新 ▆▆▆▆▆ 濃厚

INGREDIENTS ｜ 材料 ｜

份量／約25個

伯爵紅茶瑪德蓮

Ⓐ 全蛋…180g
　細砂糖…195g
　海藻糖…30g
　蜂蜜…50g
　鹽…1.3g
伯爵紅茶粉…5g
Ⓑ 低筋麵粉…180g
　泡打粉…4g
　杏仁粉…50g

Ⓒ 無鹽奶油…180g
　太白胡麻油…20g

※伯爵紅茶粉

內餡_檸檬奶餡

檸檬汁…62.5g
細砂糖…65g
蛋黃…50g
玉米粉…9g
無鹽奶油…62.5g
檸檬皮屑…2.5g

Tea 2　茶香藏韻的燒菓子＆旅行蛋糕

METHODS ｜ 作法 ｜

使用模型
01 千代田25連瑪德蓮模（深）。

事前準備
02 在模具內側塗抹一層融化奶油，溝槽也要仔細塗抹。

伯爵紅茶瑪德蓮
03 將材料Ⓐ放入容器裡隔水加熱至35℃，用打蛋器攪拌至顏色泛白膨鬆。

04 加入過篩的材料Ⓑ。

> 注意溫度過低的蛋液不易使砂糖溶化，且空氣也難以打入蛋液中，會造成麵糊不夠鬆軟。

05 用打蛋器攪拌混合拌勻。

06 加入伯爵紅茶粉混合拌勻。

> 伯爵茶粉是使用伯爵紅茶包的紅茶粉，也可以用茶葉磨細碎後使用，味道更濃厚。

07 另將材料Ⓒ放入鍋中以中火邊加熱，邊攪拌使其融化（約40℃）。

08 再加進作法⑥裡混合拌勻至呈現光滑狀。

> 太白胡麻油無味不會影響其他材料的風味；也可以用葡萄籽油或無味的液態油替代使用。

09 用保鮮膜緊貼麵糊表面，鋼盆表層再覆蓋一層保鮮膜，放冷藏一晚。

10 從冷取出麵糊放室回溫至25℃，填入擠花袋，擠入模型中（約35g）。

檸檬奶餡

11 用旋風烤箱,以170℃烘烤10分鐘。脫模,膨脹面朝上放置於涼架,冷卻。

12 蛋黃、玉米粉放入鋼盆,用打蛋器攪拌均勻。

13 將細砂糖、檸檬皮屑搓揉混合使香氣滲入砂糖中。

Texture →細砂糖與檸檬皮屑搓揉混合增添香氣

14 將檸檬汁、搓揉混合的檸檬砂糖放入鍋裡,小火加熱至沸騰。

15 接著,再沖入作法⑫中混拌,再次加熱煮沸,離火。

16 將作法⑮底部隔著冰水使其降溫至40〜35℃,過篩。

組合完工

17 加入奶油用均質機均質至呈現細緻光滑狀,冷藏備用。

Texture →均質完成的滑順狀態

18 將檸檬奶油裝入擠花袋(平口花嘴),在冷卻的瑪德蓮中擠入內餡(約10g)。

19 放上裝飾蛋白餅(參見P.184),撒上檸檬皮屑。

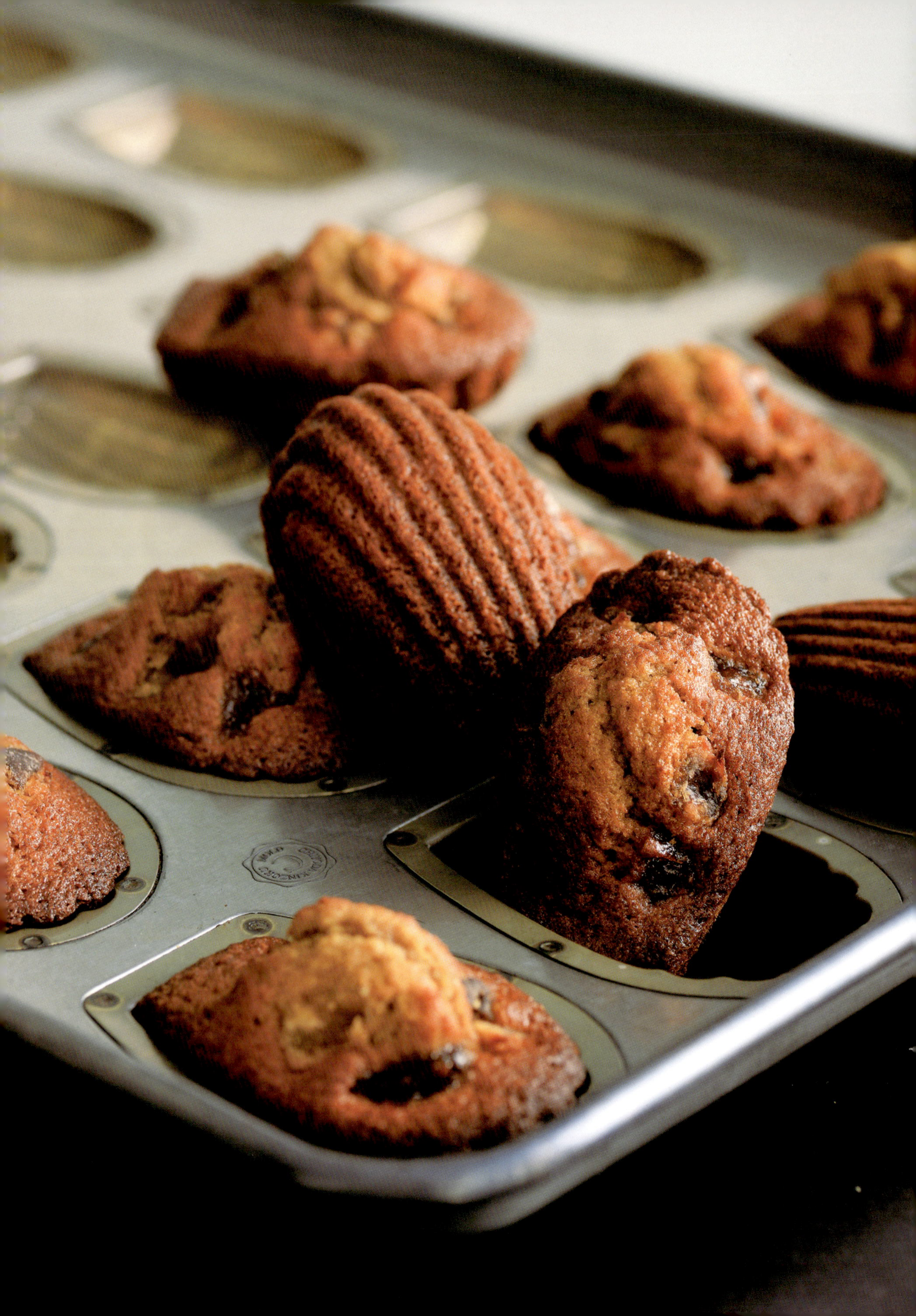

MADELEINE

大吉嶺紅茶瑪德蓮

以大吉嶺紅茶入味，帶出特有的花果香與麥芽香，讓整體的味道更加豐富。
表面撒上糖漬杏桃、栗子，
完美的結合了濃醇、蓬鬆、濕潤口感呈現高級的風味。

糖漬杏桃、栗子　　　　　　　　　　　　大吉嶺紅茶瑪德蓮

Tea 2　茶香藏韻的燒菓子＆旅行蛋糕

DATA

- **醇厚度** ── 輕淡 ▓▓▓▓░ 濃厚
- **口　感** ── 硬脆｜酥脆｜**蓬鬆**｜**濕潤**｜豐厚紮實
- **香　氣** ── 清新 ▓▓▓▓░ 濃厚

INGREDIENTS ｜材料｜　　　　份量／約25個

大吉嶺紅茶瑪德蓮

Ⓐ
- 全蛋…180g
- 細砂糖…195g
- 海藻糖…30g
- 蜂蜜…50g
- 鹽…1.3g

- 大吉嶺紅茶粉…5g
- 太白胡麻油…20g
- 無鹽奶油…180g

Ⓑ
- 低筋麵粉…180g
- 泡打粉…4g
- 杏仁粉…50g

- 糖漬杏桃…適量
- 糖漬栗子…適量
  ▶ 表面用

— 139 —

METHODS ｜ 作法 ｜

使用模型

01

千代田25連瑪德蓮模（深）。在模具內側塗抹一層融化奶油，溝槽也要仔細塗抹。

大吉嶺紅茶瑪德蓮

02

將材料Ⓐ放入容器裡隔水加熱至35℃，用打蛋器混拌至顏色泛白膨鬆。

03

加入過篩的材料Ⓑ攪拌混合拌勻。

\ Texture /

→攪拌到這種狀態

🍃 冰涼的狀態不易融合，讓蛋與奶油的溫度相同能利於完全乳化。

04

將大吉嶺紅茶粉、太白胡麻油，用打蛋器混合拌勻。

05

接著將拌勻的作法④加入到作法③的麵糊中混合拌勻。

06

另將奶油放入鍋中以中火邊加熱，邊攪拌使其融化（約40℃），加進作法⑤裡混合拌勻至呈現光滑狀。

\ Texture /

→完成狀態

07

用保鮮膜緊貼麵糊表面，鋼盆表層再覆蓋一層保鮮膜，放冷藏一晚。

08

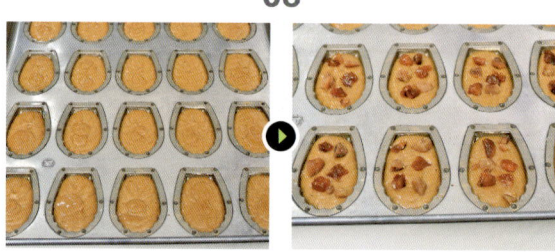

從冷取出麵糊放室回溫至25℃，填入擠花袋，擠入模型中（約35g），表面放上糖漬杏桃丁、栗子丁。

09

用旋風烤箱，以170℃烘烤10分鐘。脫模，膨脹面朝上放置於涼架，冷卻。

TEA

03

茶香美學新詮釋的
法式經典

經典甜點中凝聚了製作甜點的樂趣,以及所有一切的技巧。
把東方茶融入法式甜點,在既有組成的元素上加以變化,
從茶的風味汲取靈感與甜點食材交融帶出新的口感與味覺,
融合茶香、技藝與法式美學,重新詮釋中西融合的經典美味。

BASIC.05 泡芙

▶ 利用澱粉的糊化與雞蛋的乳化,烘烤時因內部產生水蒸氣使麵糊膨脹鼓起,形成中洞的狀態。

材料

Ⓐ ｜ 鮮奶…62.5g
　｜ 水…62.5g
　｜ 鹽…2.5g
　｜ 細砂糖…7.5g
　｜ 無鹽奶油…55g
T55法國麵粉…75g
全蛋…110g

作法

01 材料Ⓐ放進鍋裡,以中小火加熱煮至奶油融化,待沸騰後離火。

02 加入過篩的T55法國麵粉,用打蛋器迅速混拌至無粉粒。

03 滑順結合成團後,再以中火加熱(約70℃左右),邊加熱邊攪拌,使麵糊產生黏性,鍋底開始產薄膜,離火。

04 將作法③倒入攪拌缸中,以低速攪拌使其散熱降溫。

05 散熱待降溫至60〜55℃,分次加入全蛋攪拌。

06 攪拌至完全融合(攪拌到麵糊出現光澤,舀起時會緩緩滑落的狀態)。

● 麵團產生黏性與否,可從鍋底出現薄膜的狀態來判斷。

BASIC.06 塔皮

▶ 甜塔皮,口感較鬆脆、帶有細緻的奶油香氣,口感可以維持較久,常使用在餅乾、塔類的甜點。

材料

無鹽奶油…150g
糖粉…100g
鹽…2g
杏仁粉…35g
T55法國麵粉…250g
Ⓐ ｜ 全蛋…50g
　｜ 香草莢醬…2g

作法

01 將所有材料(材料Ⓐ除外)放入攪拌缸。

02 以慢速攪拌均勻至成砂粒狀。

03 加入全蛋、香草莢醬。

04 攪拌混合均勻成團。

05 將麵團稍壓平整，用保鮮膜包覆，冷藏30分鐘備用。

06 從冷藏取出，以按壓的方式將麵團稍微按壓至可延長的程度。使用時擀壓、整型成所需的形狀大小。

> 🍃 從冷藏取出的塔皮麵團，若直接擀開容易裂開且不好操作，建議稍微回溫、按壓使其稍微軟化至有延展性後再開始擀壓操作。

BASIC.07　餅乾酥粒

▶ 酥粒的用途多變化，可直接撒在塔派、糕點上烘烤，或烘烤成酥脆金黃的酥粒後搭配甜點，為甜點增添口感。

材料

無鹽奶油⋯100g
細蔗糖⋯100g
鹽⋯1g
中筋麵粉⋯100g
杏仁粉⋯100g

作法

01 奶油、細蔗糖、鹽放入攪拌缸。

02 以中速攪拌混合均勻。

03 加入過篩的中筋麵粉、杏仁粉。

04 攪拌混合成砂粒狀。

05 平鋪烤盤上，撒上少許高筋麵粉，撥鬆，用保鮮膜覆蓋放冷凍至變硬。

06 **烤熟使用**。放入烤箱，以160℃烘烤12～15分鐘至金黃取出即可使用。

> 🍃 材料中的細蔗糖也可以用細二砂糖代替使用。製作完成的酥粒，撒粉、撥鬆後裝進密封盒，冷凍保存約保存20天。

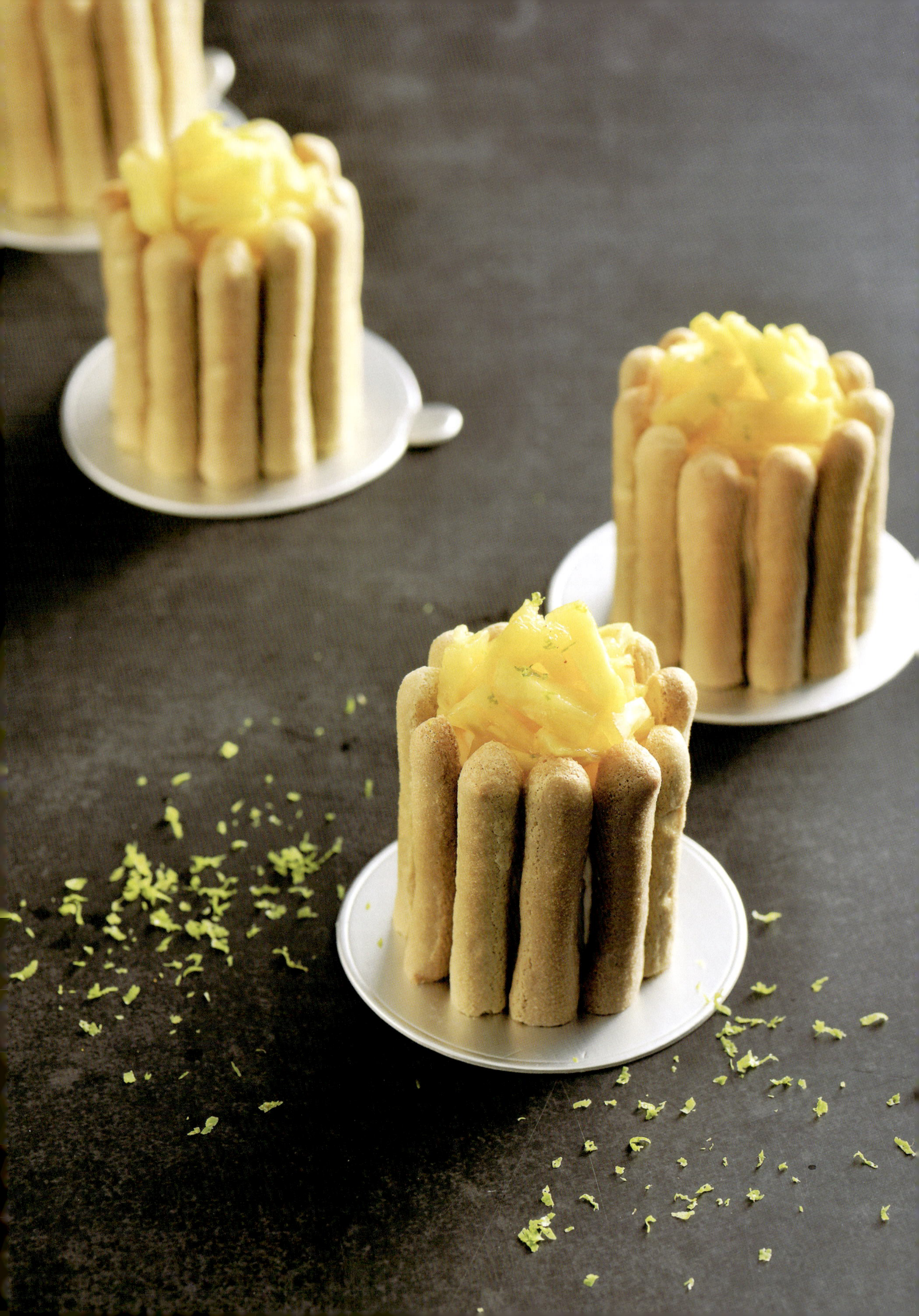

CHARLOTTE
夏洛特

以熱帶水果鳳梨為主軸，搭配兩種風味慕斯，顛覆法式甜點厚重的印象；
不只在手指蛋糕融入茶香，更將茶味運用於茶香慕斯當中，
酸甜的鳳梨，獨特果香氣息，整體風味清新口感輕盈。

香草慕斯
四季春茶手指蛋糕
新鮮鳳梨
四季春茶慕斯

🌱 DATA

- **醇厚度** ── 輕淡 ■■□□ 濃厚
- **口　感** ── 硬脆｜酥脆｜蓬鬆｜**濕潤**｜豐厚紮實
- **香　氣** ── 清新 ■■□□ 濃厚

INGREDIENTS ｜材料｜

份量／約20個

四季春茶手指蛋糕	四季春茶慕斯	香草慕斯	表面用
蛋白…90g	水…20g	蛋黃…46g	新鮮鳳梨…適量
細砂糖…55g	細砂糖…15g	細砂糖…48g	▶去皮，切細長條
蛋黃…38g	蛋黃…20g	鮮奶…150g	
低筋麵粉…75g	四季春茶粉…5g	香草棒…0.2支	
四季春茶粉…1.5g	鮮奶…15g	吉利丁凍…20g	
	吉利丁凍…18g	君度橙酒…5g	
	打發動物鮮奶油…200g	打發動物鮮奶油…130g	

Tea 3　茶香美學新詮釋的法式經典

METHODS ｜ 作法 ｜

01 使用模型
直徑4cm圓形模框，放在鋪好保鮮膜的烤盤上。

02 四季春茶手指蛋糕
四季春茶手指蛋糕的製作參見P.208「抹茶提拉」作法6-10。將完成的麵糊裝入擠花袋（平口花嘴），在鋪好烘焙紙的烤盤，擠出6cm長條狀、直徑4cm圓形片，表面篩撒上糖粉。放入烤箱，以上火200℃／下火180℃烘烤6分鐘。

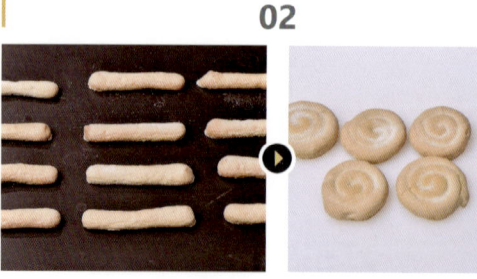

03 四季春茶慕斯
鮮奶放入鍋中，以小火加熱煮至70℃，加入四季春茶粉拌勻。

04 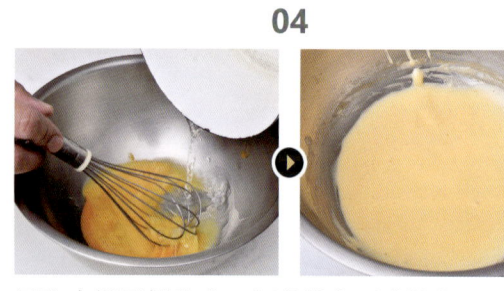
另取小鍋子倒入水、細砂糖煮至沸騰後，沖入打散的蛋黃中，並在底部隔水邊加邊攪拌打發。

05 
將作法③加入吉利丁凍拌勻至融化後，再與1/3的作法④先混合拌勻。

06 
接著，倒入剩餘的2/3的作法④中混合拌勻後，過篩到鋼盆中。

🍫 過濾出蛋黃的結粒，使質地細膩；或均質細緻即可。

07 
將底部隔著冰水，加入打發鮮奶油（6～7分發），用橡皮刮刀輕輕混拌均勻。

香草慕斯

08 蛋黃、細砂糖放入鋼盆，用打蛋器攪拌至糖融化。

09 香草棒橫剖，刮取出香草籽，與鮮奶放入鍋中，中小火煮至沸騰，沖入到作法⑧中拌勻。

10 再回煮至82℃，加入吉利丁凍拌勻，離火，過篩到鋼盆中，底部隔著冰水使其降溫至30℃。

組合完工

11 加入君度橙酒、打發動物鮮奶油混合拌勻。

12 將圓形模框，放在鋪好保鮮膜的烤盤上。

13 用圓形模框壓切出圓形手指蛋糕體、塑型，將蛋糕烤面朝上鋪放入模型底部。

14 將四季春茶慕斯倒入作法⑬中至1/3的高度（約12～15g），冷凍至凝固。

15 從冷凍取出，再倒入香草慕斯到滿（約20g），冷凍至凝固，用噴火槍稍微噴炙模框，脫模。

16 手指蛋糕的烘烤面朝向外側，沿著側面黏貼上手指蛋糕，表面鋪放上新鮮鳳梨、檸檬皮屑。

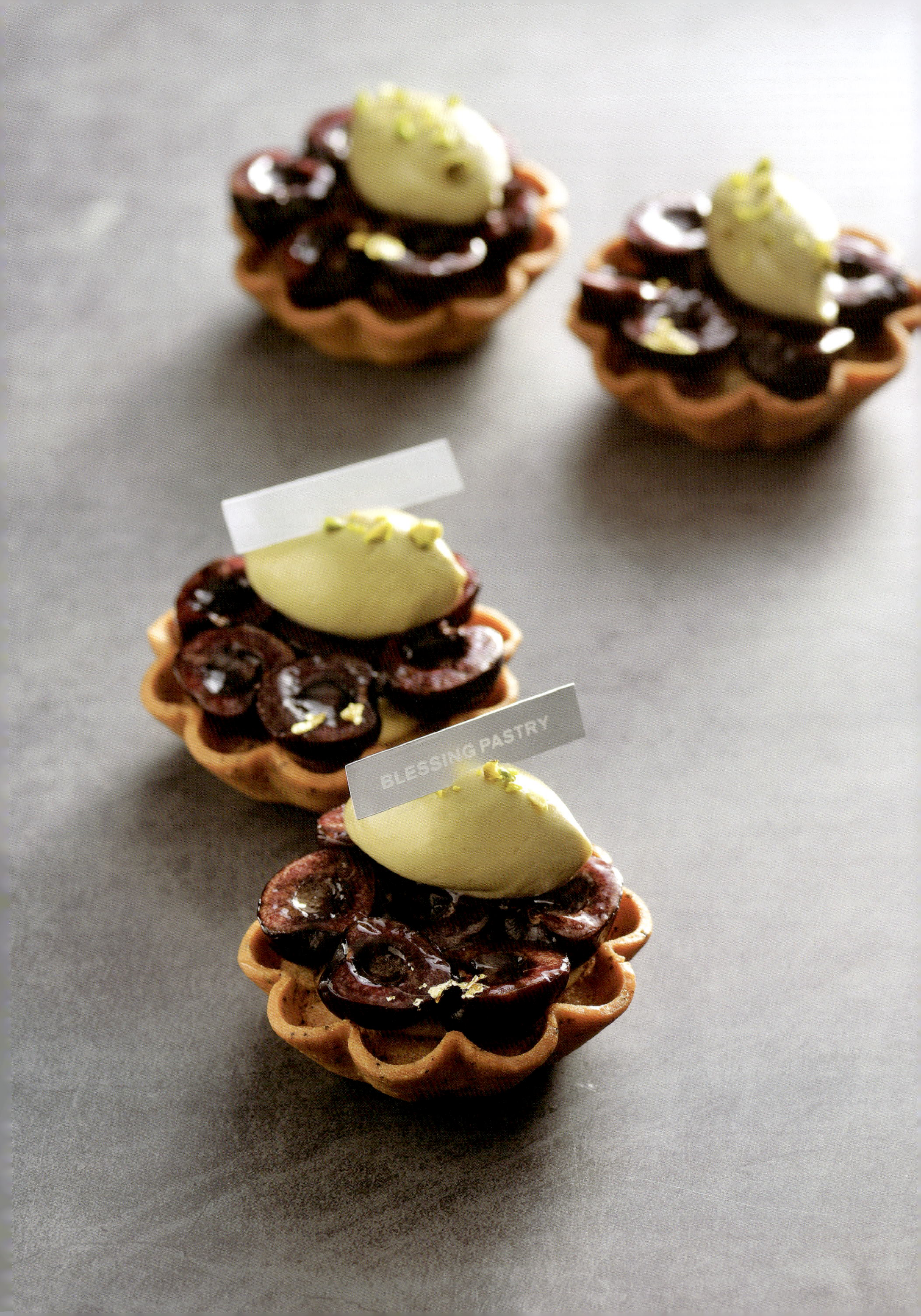
BLESSING PASTRY

TART

櫻桃塔

塔皮裡填入卡士達層疊果茶風味的杏仁奶油餡，藉以襯托出櫻桃細膩風味。
使用開心果打發甘納許做點綴的裝飾，與鮮艷的櫻桃作出對比，
平衡四果茶的微酸味，演繹出優雅的法式風情。

圖說：金箔、新鮮櫻桃、開心果打發甘納許、開心果碎、四果茶塔皮、卡士達、四果茶杏仁奶油

DATA
- 醇厚度 —— 輕淡 ▨▨▨▨▨ 濃厚
- 口　感 —— 硬脆｜酥脆｜蓬鬆｜**濕潤**｜豐厚紮實
- 香　氣 —— 清新 ▨▨▨▨▨ 濃厚

Tea 3　茶香美學新詮釋的法式經典

INGREDIENTS ｜ 材料 ｜　　份量／約10個

四果茶塔皮
無鹽奶油…75g
糖粉…50g
杏仁粉…17.5g
鹽…1g
T55法國麵粉…125g
全蛋…25g
四果茶包…1g

四果茶杏仁奶油
無鹽奶油…75g
糖粉…75g
杏仁粉…75g
全蛋…60g
四果茶包…1.5g

開心果打發甘納許
34%白巧克力…160g
（可可含量34%）
動物鮮奶油…100g
開心果醬…60g
動物鮮奶油…220g
▶冷藏

表面用
新鮮櫻桃…適量
▶對切
鏡面果膠…適量
開心果碎…適量

卡士達
卡士達（P.35）…適量

— 149 —

METHODS ｜ 作法 ｜

使用模型

01

布里歐花模SN6225。

四果茶塔皮

02

塔皮的製作參見「基礎塔皮」的製作P.142作法1-5。將麵團擀壓成厚度2.5mm片狀，用直徑9cm圓形模框壓切圓形片。

03

將布里歐花模倒扣（底部朝上），鋪放上圓形塔皮。

04

將布里歐花模倒扣（底部朝上），鋪放上圓形塔皮。

05

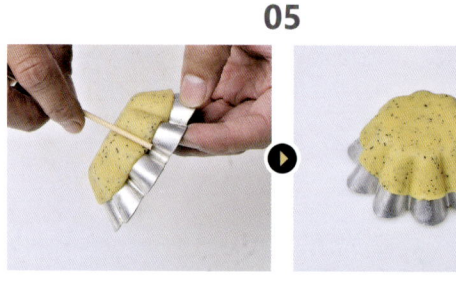

沿著模型輕壓大略塑型，讓塔皮緊貼模型，再利用竹籤壓塑出造型。

06

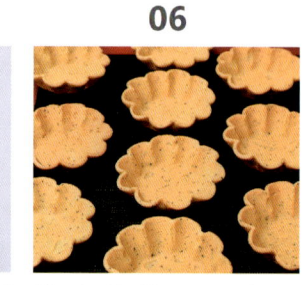

放入烤箱，以上火150℃／下火150℃烘烤15分鐘。

四果茶杏仁奶油

07

四果茶杏仁奶油餡的製作參見P.36「杏仁奶油餡」作法1-4。

08

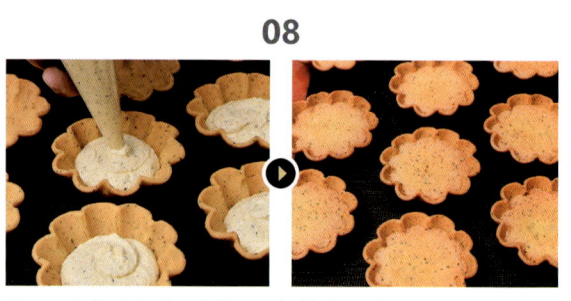

將四果茶杏仁奶油裝入擠花袋，擠入烤至半熟的塔殼中（約25g），放入烤箱，以上火150℃／下火150℃烘烤25分鐘。

開心果打發甘納許

09

白巧克力隔水加熱融化。

TART

10 加入開心果醬，用橡皮刮刀混合拌勻。

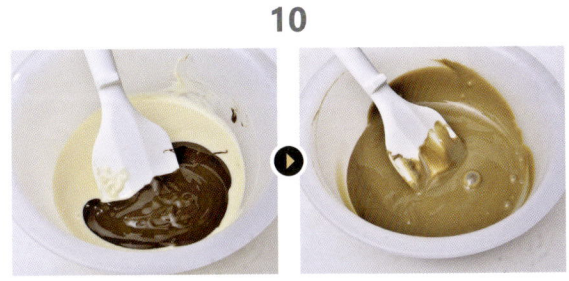

11 另將鮮奶油倒入鍋中，小火加熱煮至沸騰。

組合完工

12 將作法⑪沖入作法⑩中稍混合後，用均質機均質至乳化滑順。

🍃 太快攪拌會因降溫太快，致巧克力分離產生結粒。

13 接著，加入冰冷的鮮奶油均質至滑順，用保鮮膜緊貼表面，放冷藏靜置至隔夜備用。

14 在烤好的塔皮裡，擠入卡士達至同塔皮高度。

15 新鮮櫻桃對切、去籽後，以切面朝上擺滿表面，並塗刷鏡面果膠。

16 將開心果甘納許攪拌打發，用小湯匙塑型成紡錘狀，放在櫻桃上面，用開心果碎及金箔點綴（小湯匙可先浸泡熱水加或用噴火槍稍加熱，以利塑型的操作）。

茶香美學新詮釋的法式經典 — Tea 3

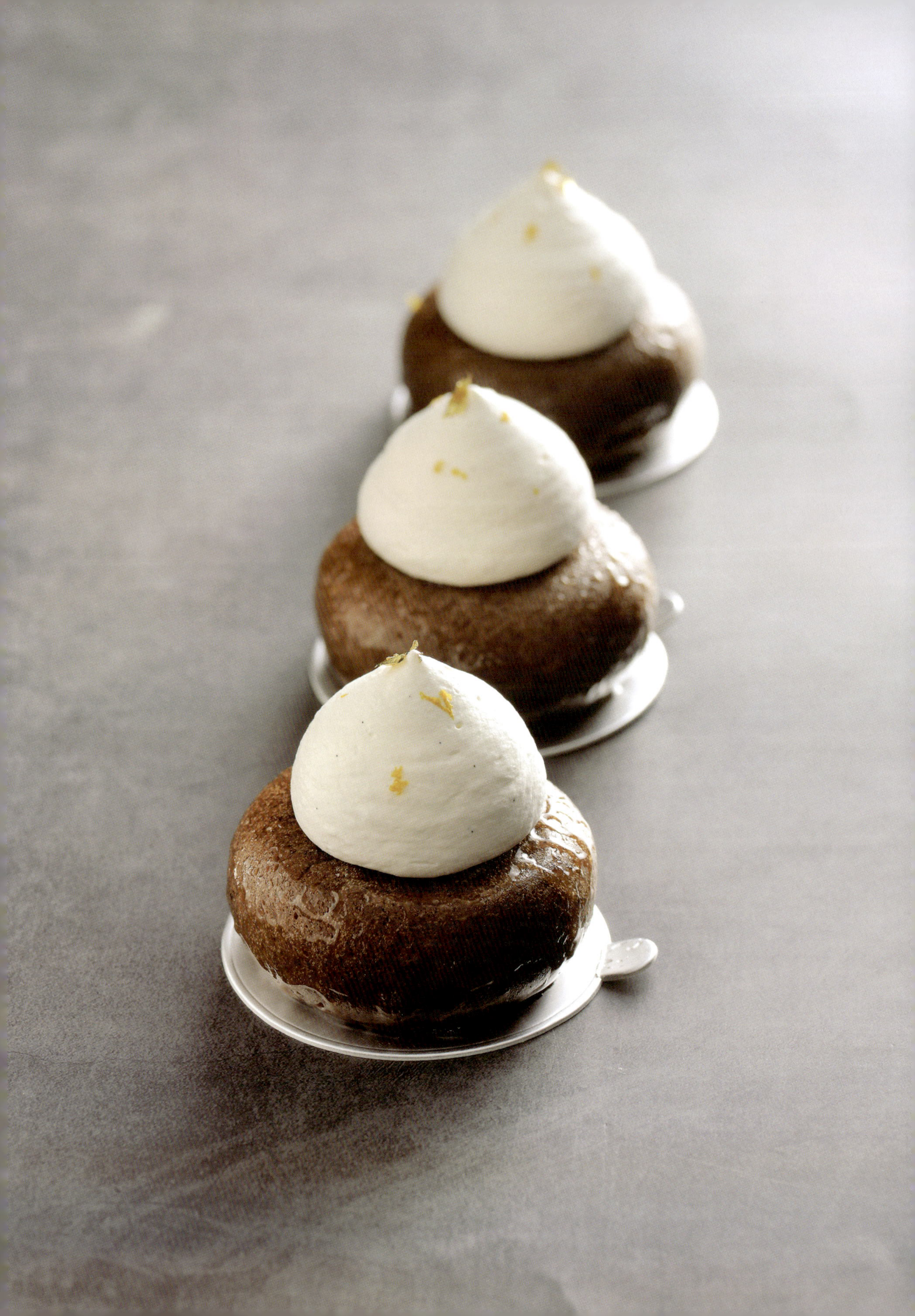

BABA
大吉嶺紅茶巴巴

巴巴是一款以富含糖漿的發酵麵團的經典甜點。在發酵麵團裡添加大吉嶺紅茶粉，
展現清新的口感，再吸附入具深層滋味的紅茶酒糖液，
搭配鮮奶油香緹以及濃郁滑順的卡士達，擴大味覺感受；紅茶酒糖液讓整體味道更紮實。

柳橙皮屑　　　　　　　　　　　　　　香草香緹
紅茶酒糖液　　　　　　　　　　　　　卡士達
柳橙果肉　　　　　　　　　　　　　　紅茶巴巴

DATA
- **醇厚度** ── 輕淡　　　　　　　濃厚
- **口　感** ── 硬脆｜酥脆｜蓬鬆｜**濕潤**｜豐厚紮實
- **香　氣** ── 清新　　　　　　　濃厚

Tea 3　茶香美學新詮釋的法式經典

INGREDIENTS　｜ 材料 ｜　　　份量／約10個

紅茶巴巴
高筋麵粉…145g
大吉嶺紅茶粉…5g
細砂糖…3g
鹽…1.5g
全蛋…140g
鮮奶…25g
乾性酵母…3.8g
無鹽奶油…60g

浸漬紅茶酒糖液
水…800g
大吉嶺紅茶葉…10g
Ⓐ 三溫糖…225g
　 海藻糖…75g
　 新鮮柳橙片…1/2個
　 香草棒…1/2支
柑橘干邑白蘭地…220g

香草香緹
動物鮮奶油…20g
香草棒…1/4支
細砂糖…12.5g
吉利丁凍…4g
動物鮮奶油…150g
　▶冷藏
馬斯卡邦起司…15g
（Mascarpone）

表面用
柳橙果肉…適量
柳橙皮屑…適量

卡士達
卡士達（P.35）…100g

METHODS ｜ 作法 ｜

使用模型

01 半圓形矽膠模SF163。

紅茶巴巴

02 鮮奶倒入鍋中小火加熱至30℃，與乾性酵母拌勻。

03 高筋麵粉、大吉嶺紅茶粉、鹽、細砂糖混拌均勻，加入全蛋拌勻，加入作法②攪拌至擴展階段。

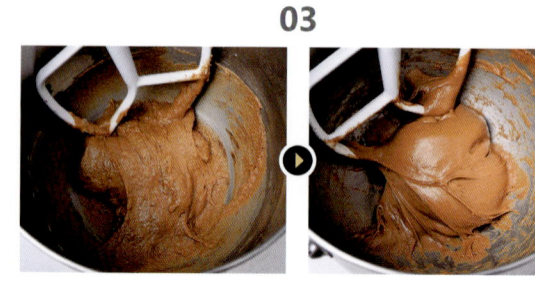

\ Texture / 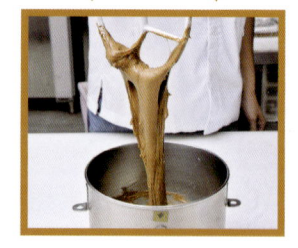
→攪拌到這樣的狀態

04 轉慢速，加入奶油攪拌至融合。

\ Texture / 
→攪拌到這樣的狀態

05 作法④裝入擠花袋，擠入模型中（約35g）。

06 用手延展開麵團使其平均分布，放入發酵箱（溫度30℃、濕度70%），發酵30分鐘至8分滿。

07 用旋風烤箱，以170℃烘烤30分鐘，脫模、放涼。

浸漬紅茶酒糖液

08 水倒入鍋中加熱煮沸，加入大吉嶺紅茶葉浸泡10分鐘，過濾出茶葉。

香草香緹

09 加入材料Ⓐ煮至再次沸騰,待降溫至50℃,加入柑橘干邑白蘭地。

10 香草棒剖開,刮取香草籽連同香草棒、鮮奶油、細砂糖放入鍋中,以中小火加熱至沸騰。

11 加入馬斯卡邦起司、吉利丁凍拌勻。

組合完工

12 用均質機打到細緻滑順。

13 再加入冰的鮮奶油均質至光滑細緻,用保鮮膜緊貼表面,冷藏靜置隔夜使用。

14 將紅茶巴巴頂部削平,浸泡在紅茶酒糖液中,使其浸潤吸飽酒糖液,取出瀝出多餘的糖液。

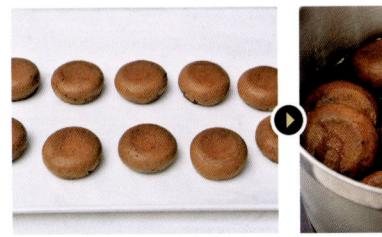

15 放在架高的網架上,淋上鏡面。

16 用挖球器在表面挖出凹槽。

17 灌入卡士達(約10g)、放入柳橙果肉,頂部擠上香草香緹,刨入柳橙皮屑即可。

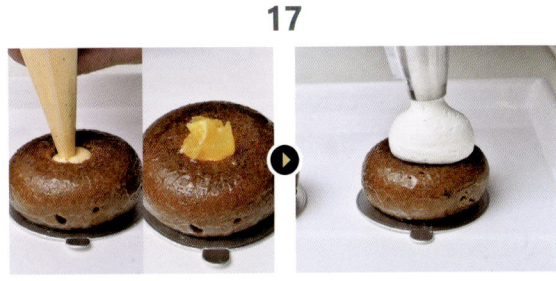

🍃 利用市售的杏桃果膠添加10%的水加熱拌勻使用。

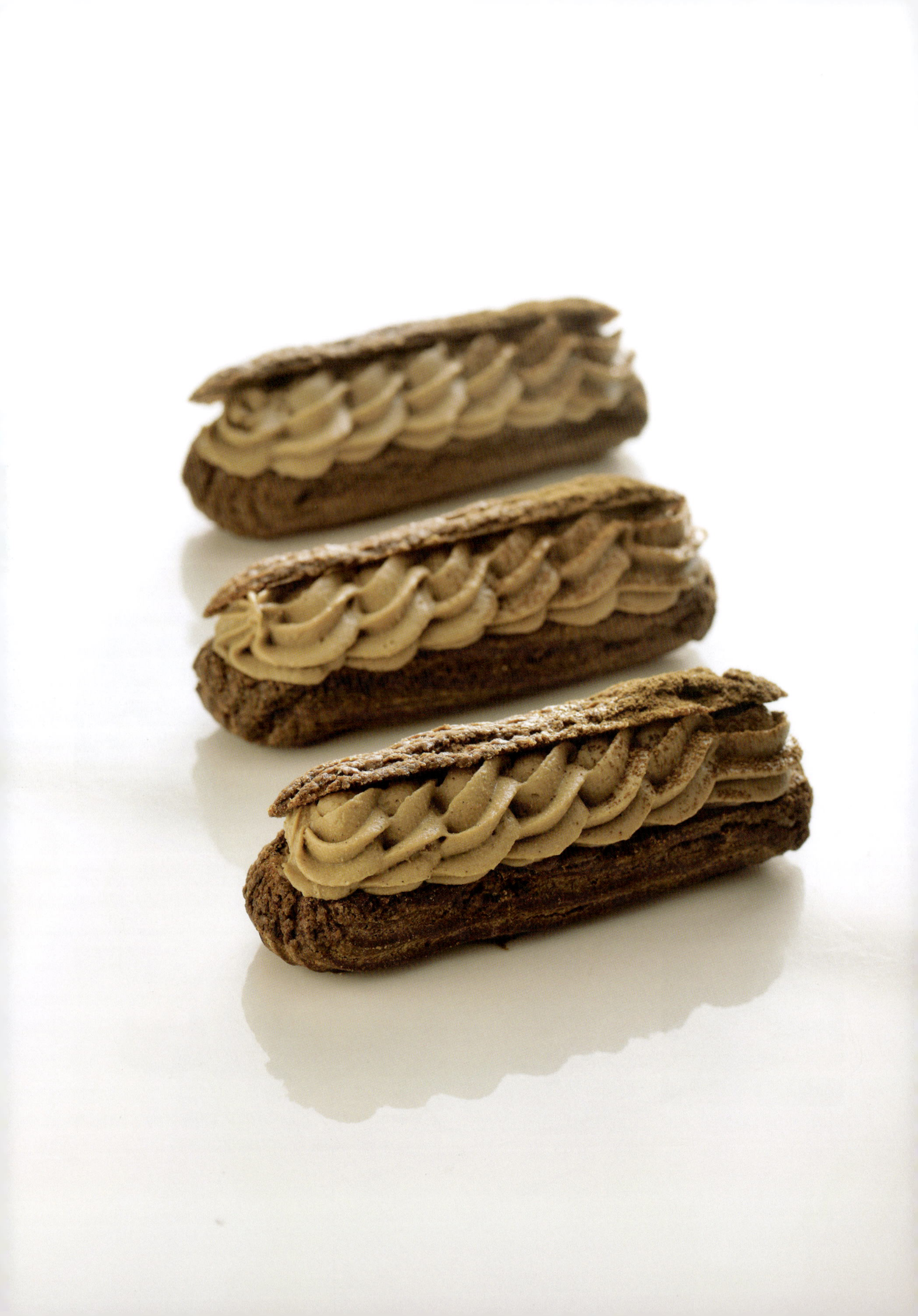

ECLAIR

蜜香葡萄柚閃電泡芙

隱藏在長條形泡芙中的是蜜香紅茶的香氣滋味。
酥脆的泡芙體內是不同於一般甜奶油內餡，而是由葡萄柚果凝與蜜香慕斯林，
組合出的甜而不膩的夢幻口味，再簡單篩撒茶粉點綴，素雅而細緻。

蜜香紅茶粉
蜜香慕斯林
蜜香酥皮
葡萄柚果凝
蜜香泡芙

DATA

- 醇厚度 —— 輕淡 ▇▇▇▇□ 濃厚
- 口　感 —— 硬脆 | **酥脆** | 蓬鬆 | **濕潤** | 豐厚紮實
- 香　氣 —— 清新 ▇▇▇▇□ 濃厚

Tea 3　茶香美學新詮釋的法式經典

INGREDIENTS　|　材料　|　份量／每個30g，約12個

蜜香酥皮

無鹽奶油…40g
細二砂…50g
T55法國麵粉…47.5g
蜜香紅茶粉…2.5g

蜜香泡芙

無鹽奶油…50g
水…125g
鹽…1.5g
細砂糖…3g
低筋麵粉…72g
蜜香紅茶粉…3g
全蛋…130g

蜜香慕斯林

卡士達（P.35）…300g
蜜香紅茶粉…5g
奶油霜（P.37）…150g

葡萄柚果凝

葡萄柚汁…200g
水…100g
細砂糖…30g
燕菜膠（Agar-Agar）…4g
葡萄柚果肉…100g

METHODS ｜ 作法 ｜

蜜香酥皮

01 將所有的材料放入攪拌缸，以中速攪拌均勻至無粉粒。

02 將麵團稍壓扁整型，用保鮮膜包覆冷藏。取出擀壓成厚度2mm的片狀，再裁切成12×2.5cm長方片。

蜜香泡芙

03 使用花嘴。18齒花嘴SN7142。

04 泡芙的製作參見P.142「基礎泡芙」作法1-6。將麵糊填入擠花袋在烤盤上，呈間距擠入長條狀（約30g，約12條），再覆蓋上蜜香酥皮。

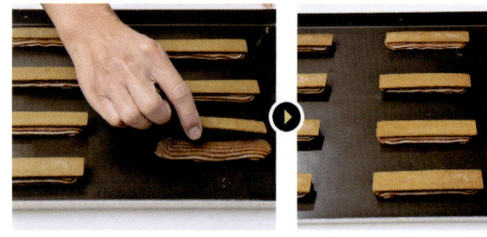

05 用旋風烤箱，以160℃烘烤40分鐘，轉向，以140℃繼續烤20分鐘。

蜜香慕斯林

06 奶油霜製作參見P.37。

07 卡士達製作參見P.35。

08 將奶油霜攪拌打軟後，加入蜜香紅茶粉混合拌勻，最後再加入卡士達混拌均勻。

葡萄柚果凝

09 葡萄柚汁、水倒入鍋中,以小火加熱煮至40℃,加入事先混合均勻細砂糖、燕菜膠,混合拌勻繼續煮至沸騰1～2分鐘。

10 將作法⑨均質成細泥狀,加入葡萄柚果肉拌勻即可。

組合完工

11 將泡芙從頂部1/3處橫剖切開。

12 在底部擠上蜜香慕斯林(約45g),用抹刀塗抹均勻,使其均勻分布內部四周(減少內餡水分的滲入影響口感)。

13 中間填滿葡萄柚果凝,再擠上蜜香慕斯林。

14 從一側邊傾斜的擺放上泡芙上蓋。

15 表層均勻的篩撒上蜜香紅茶粉。

16 完成蜜香閃電泡芙。

> 🍃 剛完成最美味,經過一段時間,泡芙餅皮會受潮,會影響口感風味。建議要食用食再擠填入內餡,並且當天食用完畢。

ECLAIR

Tea 3 茶香美學新詮釋的法式經典

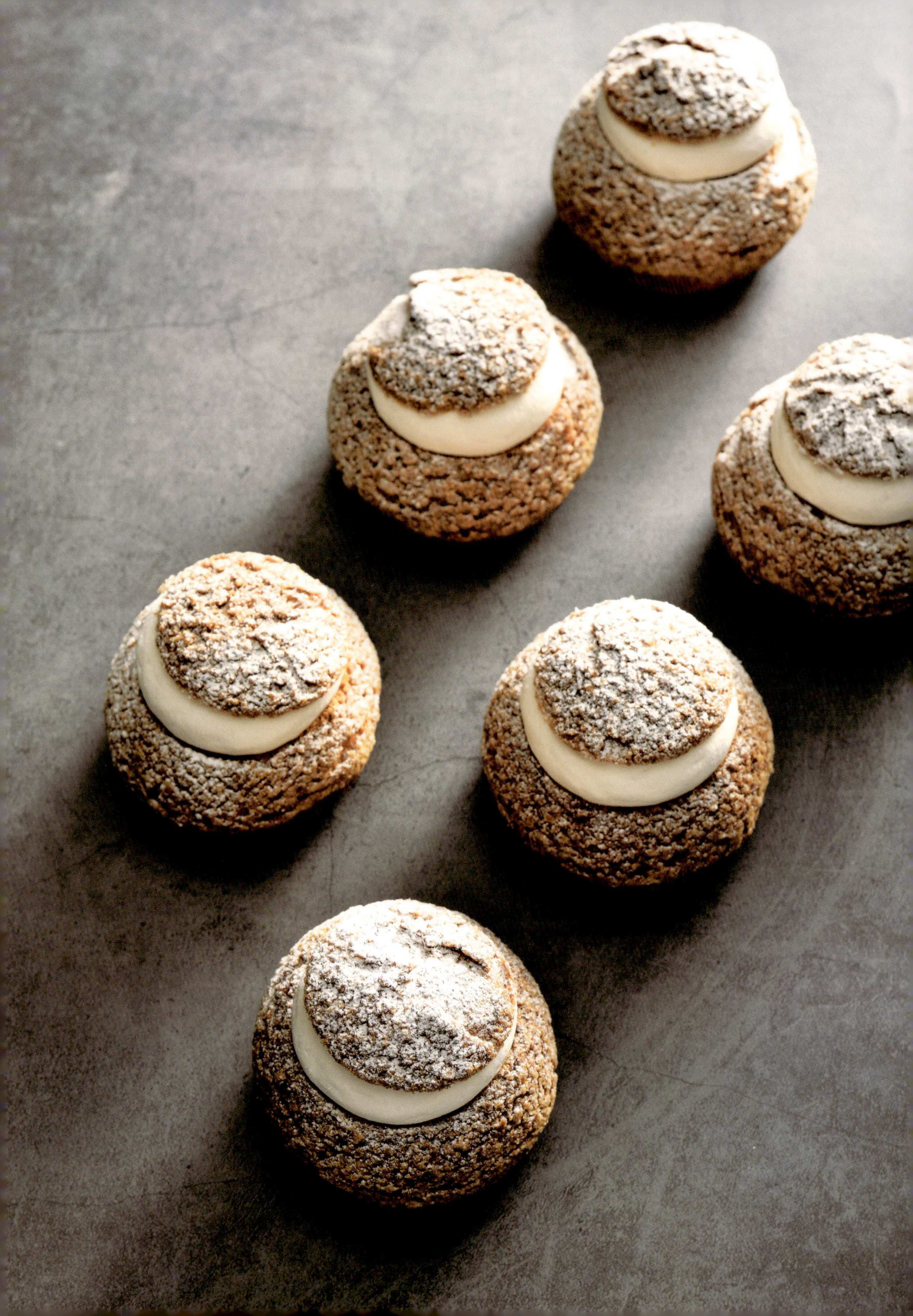

CREAM PUFF
奶油泡芙

泡芙體裡夾入雙色誘人的黑糖卡士達、紅茶鮮奶油香緹內餡。
酥鬆的口感，配上豐潤的口感與滋味，
黑糖奶油香氣交織紅茶鮮奶油香緹的香甜輕盈，絕美的滋味讓人深深著迷。

酥皮
泡芙
古早味紅茶鮮奶油香緹
黑糖卡士達

DATA

- **醇厚度** ── 輕淡　　　　　　　　濃厚
- **口　感** ── 硬脆｜酥脆｜蓬鬆｜**濕潤**｜豐厚紮實
- **香　氣** ── 清新　　　　　　　　濃厚

INGREDIENTS ｜ 材料 ｜　　份量／每個30g，約10個

酥皮	泡芙	黑糖卡士達	古早味紅茶鮮奶油香緹
無鹽奶油…50g 細二砂…62.5g 低筋麵粉…62.5g 鹽…0.5g	鮮奶…62.5g 水…62.5g 鹽…2.5g 細砂糖…7.5g 無鹽奶油…55g T55法國麵粉…75g 全蛋…2個（約110g）	鮮奶…300g 動物鮮奶油…50g 蛋黃…60g A｜黑糖…60g 　｜海藻糖…20g 　｜黑糖蜜…20g B｜低筋麵粉…15g 　｜玉米粉…10g 無鹽奶油…17.5g 打發鮮奶油…200g	水…30g 古早味紅茶茶葉…10g 動物鮮奶油…100g 吉利丁凍…7g 細二砂…10g 動物鮮奶油…200g

※古早味紅茶茶葉

Tea 3　茶香美學新詮釋的法式經典

METHODS ｜ 作法 ｜

酥皮

01 將所有的材料放入攪拌缸，以中速攪拌均勻至無粉粒。

02 將麵團稍壓扁整型，用保鮮膜包覆冷藏。取出擀壓成厚度2mm的片狀，用直徑5cm的圓形切模壓切成圓形片（約5g）。

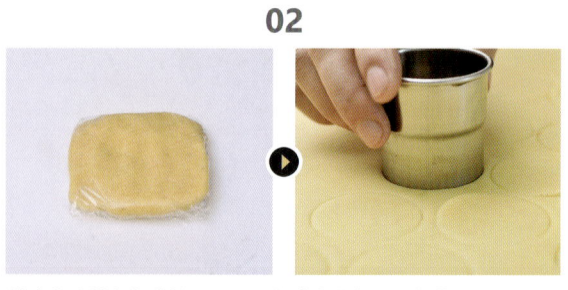

泡芙

03 使用花嘴。平口花嘴。

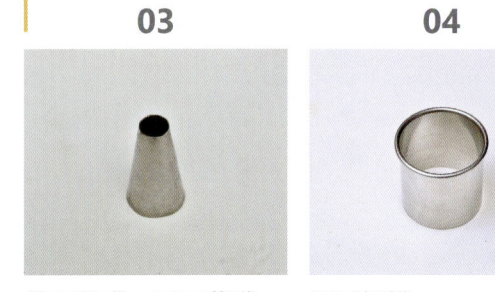

04 圓形切模。

05 泡芙的製作參見P.142「基礎泡芙」作法1-6。將麵糊填入擠花袋在烤盤上，呈間距擠入直徑5cm的圓形狀（約30g），表面覆蓋圓形酥皮（約5g）。

06 放入烤箱，以160℃烘烤40分鐘，轉向，再以130℃繼續烤15分鐘。

黑糖卡士達

07 黑糖卡士達的製作參見P.35。將黑糖卡士達（400g）加入打發鮮奶油（200g）輕混拌勻。

🍃 黑糖卡士達與打發鮮奶油的比例為2:1。

古早味紅茶鮮奶油香緹

08 水煮沸,加入古早味紅茶葉浸泡,使茶葉漲開,萃取香氣。

09 另將鮮奶油(100g)加熱煮至70℃,沖入作法⑧中混合均勻,加入吉利丁凍拌勻。

10 過濾取除茶葉。

11 將過濾的作法⑩再加入二砂糖、鮮奶油(200g)均質均勻,覆蓋保鮮膜,放冷藏至隔夜,待使用時打發後使用。

組合完工

12 從泡芙從頂部1/3處橫剖切開。

13 將黑糖卡士達裝入擠花袋(平口花嘴),在底座泡芙裡擠滿內餡(約40g)。

平口花嘴 SN7065

14 表層再擠入古早味紅茶鮮奶油香緹。

15 傾斜的蓋上泡芙頂部。

16 最後再篩撒上一層防潮糖粉。

17 完成奶油泡芙。

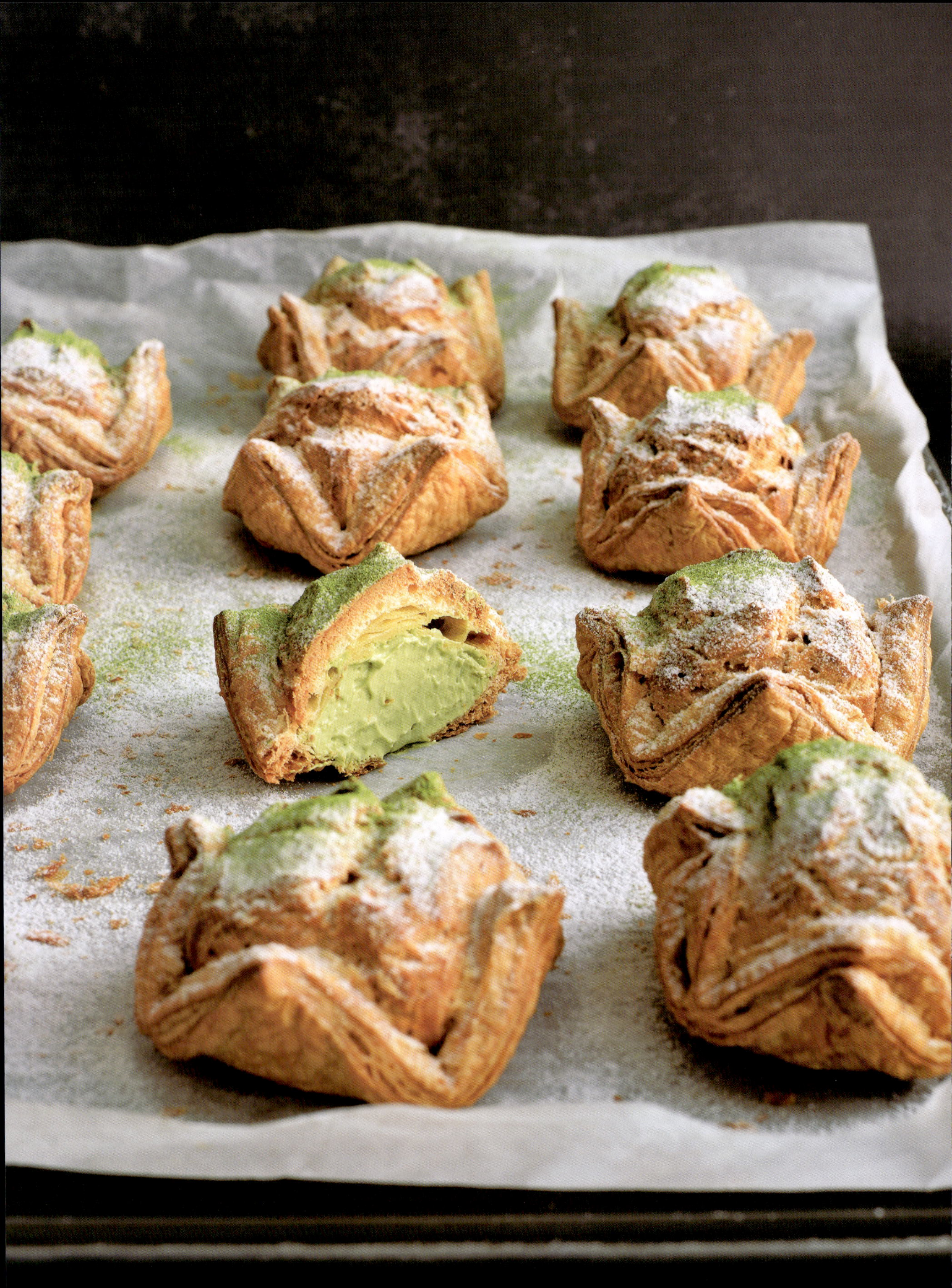

CHOUX CRAQUELIN
抹茶酥皮泡芙

爽脆的泡芙體與酥脆的酥皮口感，加上抹茶外交官奶油餡，形成絕妙的平衡。
濃醇的口感中，散發著抹茶獨特的香氣，甜而不膩。
酥脆金黃的外皮，用雪白的糖粉、 茶點綴，增添優雅氣息。

抹茶粉　　　　　　　　　　　　　　　　　防潮糖粉
抹茶外交官奶油餡　　　　　　　　　　　　泡芙體
　　　　　　　　　　　　　　　　　　　　快速派皮

DATA

- **醇厚度** —— 輕淡 ▮▮▮▯▯ 濃厚
- **口　感** —— 硬脆 | **酥脆** | 蓬鬆 | **濕潤** | 豐厚紮實
- **香　氣** —— 清新 ▮▮▮▯▯ 濃厚

INGREDIENTS | 材料 |　　份量／約10個

快速酥皮

中筋麵粉（或T55法國麵粉）…250g
水…110g
鹽…3g
細砂糖…20g
醋…1.25g
冰奶油…175g
▶ 切小塊狀冷藏

泡芙

Ⓐ 鮮奶…25g
　水…60g
　鹽…2g
　海藻糖…4g
　無鹽奶油…100g
低筋麵粉…75g
全蛋…110g

抹茶卡士達*

鮮奶…500g
蛋黃…100g
Ⓑ 細砂糖…70g
　海藻糖…30g
Ⓒ 低筋麵粉…12.5g
　玉米粉…15g
Ⓓ 抹茶粉…12.5g
　細砂糖…32.5g
無鹽奶油…25g

抹茶外交官奶油餡

抹茶卡士達*…200g
動物鮮奶油…100g

裝飾用

防潮糖粉…適量
抹茶粉…適量

Tea 3 — 茶香美學新詮釋的法式經典

METHODS ｜ 作法 ｜

快速派皮

01 快速派皮的製作參見基礎快速派皮P.187作法1-10。將麵團擀壓延展成厚度2.5mm四方片狀，裁切成11×11cm正方片。

泡芙

02 泡芙的製作參見基礎泡芙P.142作法1-6。

03 （平口花嘴 SN7066）將派皮排入鋪好烘焙紙的烤盤上。將麵糊填入擠花袋，在派皮的中央擠入直徑5cm（約35g）圓形狀。

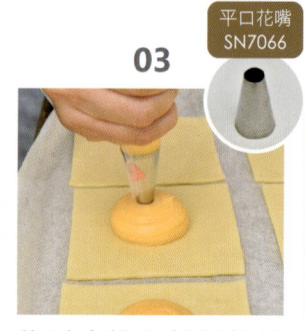

04 將派皮的四邊朝中間拉攏。

05 沿著接合邊切合，包覆住泡芙麵糊整型。

06 用旋風烤箱，以160℃烘烤90分鐘至金黃酥脆。出爐，放置涼架上，冷卻。

抹茶卡士達

07 將鮮奶、1/3 Ⓑ材料倒入鍋中，用中小火邊加熱邊攪拌煮至沸騰。

08 另將蛋黃、2/3材料Ⓑ用打蛋器攪拌至微泛白。

09 加入過篩的材料Ⓒ混合攪拌均勻。

10 取2/3作法⑦沖入作法⑨中混合拌勻。

11 再將剩餘1/3作法⑦加入混勻的材料Ⓓ中拌勻。

12 接著再將作法⑪倒入作法⑩，混合拌勻。

13 再回煮加熱至沸騰，呈濃稠狀，離火。

14 最後加入奶油，用均質機攪拌均勻，用篩網過篩於平盤中。

\ Texture /
→完成的狀態

抹茶外交官奶油餡

15 用保鮮膜緊貼表面，放冷凍降溫冷卻後，移置冷藏保存。

16 動物鮮奶油攪拌打至9分發。

17 將抹茶卡士達攪拌打軟，分次加入作法⑯，用橡皮刮刀切拌混合均勻。

組合完工

\ Texture /
→完成的狀態

18 用花嘴尖端在泡芙底部戳出孔洞，用擠花袋由底部灌入抹茶外交官奶油餡（填入內餡後泡芙容易軟化，想品嘗酥脆的口感，食用前再填入內餡即可）。

19 表面篩撒上防潮糖粉、抹茶粉裝飾。

— 167 —

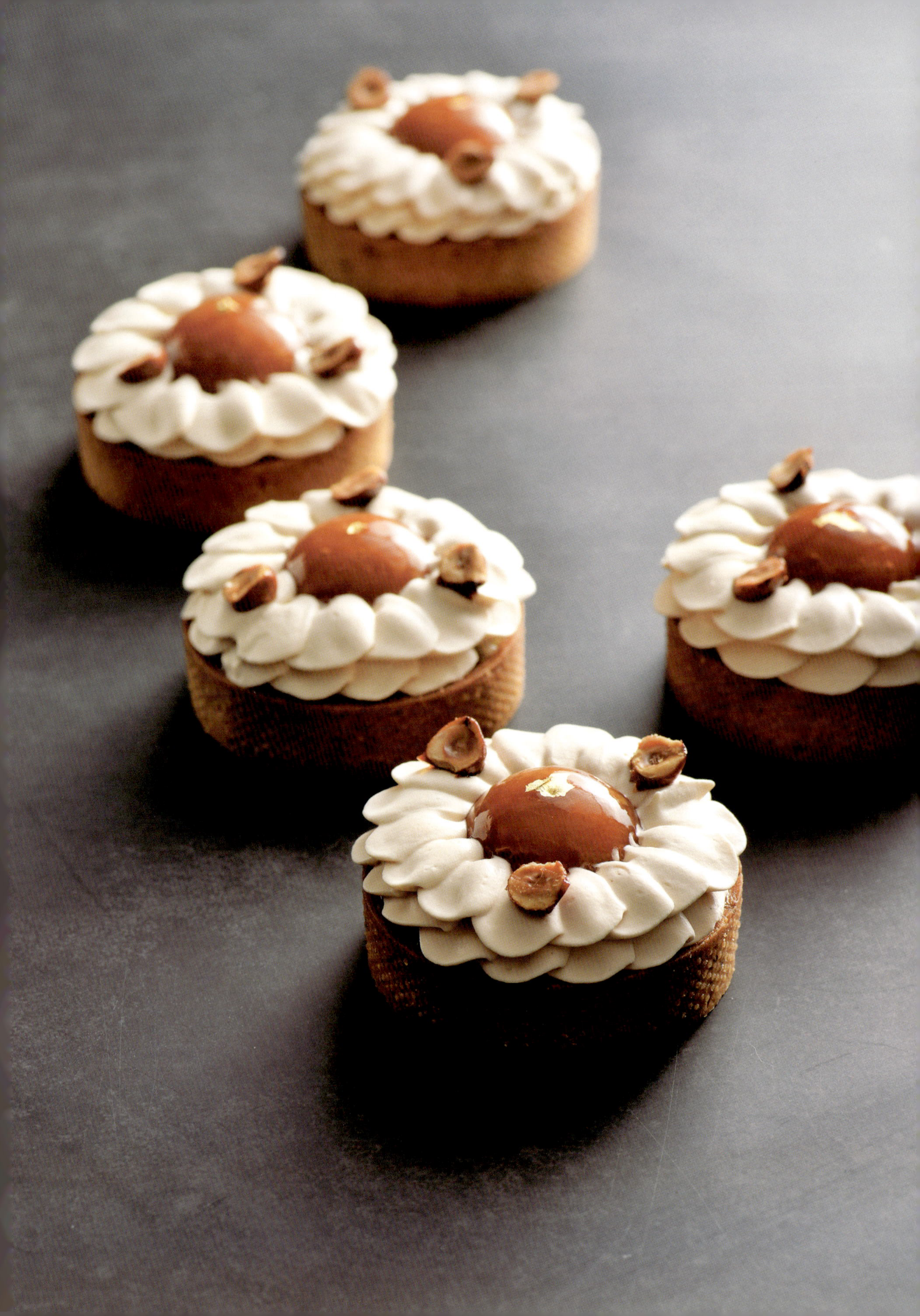

MOUSSE TART

紅玉蜜果

以堅果粉、紅茶、焦糖、蘋果基本材料打造口感風味平衡的經典塔；用紅玉榛果奶油餡為塔餡，帶來溫潤滑順口感，主角是蘋果餡，以紅玉紅茶的香氣平衡甜味，突顯出果實感和自然的甜味。

標示：
- 紅玉巧克力打發甘納許
- 糖炒蘋果餡
- 紅玉榛果奶油餡
- 焦糖榛果
- 焦糖蘋果
- 榛果肉桂塔皮

Tea 3 ｜ 茶香美學新詮釋的法式經典

DATA

- **醇厚度** —— 輕淡 ■■■ 濃厚
- **口　感** —— 硬脆｜**酥脆**｜蓬鬆｜**濕潤**｜豐厚紮實
- **香　氣** —— 清新 ■■■ 濃厚

INGREDIENTS ｜ 材料 ｜　　份量／約10個

榛果肉桂塔皮

無鹽奶油…112.5g
糖粉…75g
帶皮榛果粉…26.5g
鹽…1.5g
T55法國麵粉…187.5g
全蛋…37.5g
香草莢醬…0.8g
肉桂粉…0.8g

紅玉榛果奶油餡

無鹽奶油…100g
糖粉…100g
全蛋…80g
帶皮榛果粉…100g
紅玉紅茶粉…6g
卡士達（P.35）…50g

焦糖蘋果

蘋果…325g
▶去皮去核，切片
無鹽奶油…27.5g
細砂糖…100g
水…25g

紅玉巧克力打發甘納許

紅玉紅茶葉…16g
熱水…47.5g
鮮奶…62.5g
黃金巧克力…72g
動物鮮奶油…165g ▶冷藏
吉利丁凍…9g

糖炒蘋果餡

蘋果丁…237.5g
細砂糖…47.5g
香草莢醬…0.35g

Ⓐ｜玉米粉…6.5g
　｜蘋果酒…7g
　（Calvados）

焦糖榛果

細砂糖…52.5g
水…12.5g
脫皮榛果粒…100g
無鹽奶油…5g

METHODS ｜ 作法

榛果肉桂塔皮

01

使用模型。直徑8×高2cm塔圈。

02

圓形切模。

03

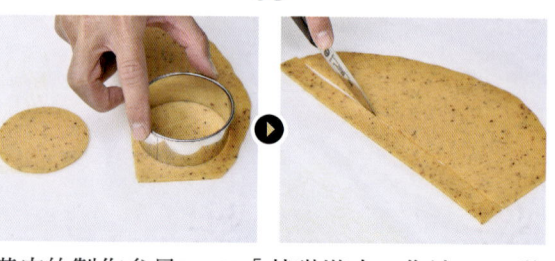

塔皮的製作參見P.142「基礎塔皮」作法1-5。將麵團擀壓成厚2.5mm的長片狀，用圓形模框壓出直徑7.5cm的圓形片、裁切長24.5cm×寬2cm的長條。

04

將長條麵團，鋪放塔圈中，沿著塔圈按壓塑型，讓塔皮緊貼塔圈，再鋪放入圓形片於底部，按壓密合。

05

放入烤箱，以上火150℃／下火150℃烘烤約12分鐘至半熟。

紅玉榛果奶油餡

06

紅玉榛果奶油餡的製作參見P.36「基礎杏仁奶油餡」作法1-4。

07

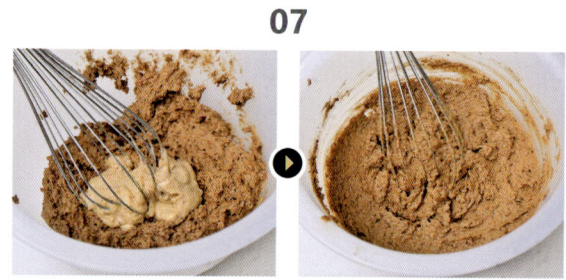

將作法⑥與卡士達混合拌勻。

08

在烤到半熟的塔皮裡，擠入紅玉榛果奶油餡（約40g）。

MOUSSE TART

焦糖蘋果

09 放入烤箱,用150℃烤約25分鐘。脫模,待冷卻。

10 蘋果薄片、奶油放入容器中。

11 將細砂糖、水加熱煮成濃稠狀的焦糖,加入作法⑩中。

12 用鋁箔紙覆蓋,放入烤箱,以上火200℃／下火180℃燜烤50分鐘,放涼。

13 放涼,填入半圓矽膠模型中(約20g),用抹刀抹平,放冷凍定型,備用。

紅玉巧克力打發甘納許

14 紅玉紅茶葉用熱水沖泡軟化茶葉,釋放香氣和風味(紅玉紅茶葉與熱水的比例約為1:3)。

15 鮮奶加熱煮沸後,再倒入作法⑭,關火,覆蓋保鮮膜,浸泡15分鐘,萃取紅茶香氣。

16 篩網過濾出茶葉,加入吉利丁凍拌勻至融化。

17 將黃金巧克力微波融化約30℃。

🍃 茶葉由於是浸泡過,鮮奶的水分不會被吸收,沒有損耗的問題,不用再補足。

Tea 3　茶香美學新詮釋的法式經典

MOUSSE TART

18
加入作法⑯攪拌至乳化滑順，接著加入冷藏的鮮奶油攪拌均勻，用保鮮膜緊貼表面，冷藏靜置隔夜使用。

糖炒蘋果餡

19
將蘋果丁、細砂糖、香草莢醬放入鍋中拌炒至糖融化，邊淋入事先拌勻的蘋果酒、玉米粉，邊拌炒至蘋果軟化、濃稠，放涼備用。

焦糖榛果

20
細砂糖、水以小火加熱至118℃，加入脫皮榛果粒，離火，用橡皮刮刀拌炒至返砂（糖分重新結晶，形成顆粒感），砂糖呈現白色，包裹在榛果上，再回炒至焦糖化。

21
加入奶油迅速拌勻後，立即倒在烤盤上，趁熱將裹糖的榛果粒攤開，放涼。

組合完工

22
在烤好的紅玉榛果塔表面，填入糖炒蘋果餡（約25g），抹平。

23
將焦糖蘋果淋上鏡面果膠，放置塔皮的中央。

24
擠花袋在周圍擠上紅玉巧克力打發甘納許。

斜口花嘴 SN7026

25
用焦糖榛果裝飾即可。

MONT BLANC
紅玉蒙布朗

MONT BLANC
紅玉蒙布朗

利用紅玉茶粉搭配栗子泥，提升風味層次。內部的鮮奶油也添加紅茶利口酒，製作出輕盈不膩的口感。以紅玉茶香、栗香為主調，結合蛋白餅、栗子餡、布蕾，以及鮮奶油經典元素組構成經典的蒙布朗。

標示（圖）：防潮糖粉、糖漬栗子、杏仁蛋白餅、紅玉栗子餡、茶布蕾、茶香香緹

DATA
- 醇厚度 —— 輕淡 ■■■□□ 濃厚
- 口　感 —— 硬脆 | **酥脆** | **蓬鬆** | **濕潤** | 豐厚紮實
- 香　氣 —— 清新 ■□□□□ 濃厚

INGREDIENTS ｜ 材料 ｜
份量／約15個

杏仁蛋白餅
蛋白…50g
細砂糖…50g
杏仁粉…12.5g
糖粉…50g

內層用
糖漬栗子…15顆

紅玉栗子餡
無鹽奶油…300g
紅玉茶粉…30g
含糖栗子泥…800g
無糖栗子泥…600g
栗子抹醬…200g

茶布蕾
蛋黃…40g
細砂糖…20g
紅玉茶粉…2g
鮮奶…100g
動物鮮奶油…130g
吉利丁凍…15g

茶香香緹
動物鮮奶油…50g
細砂糖…12.5g
吉利丁凍…8g
動物鮮奶油…320g
▶冷藏
紅茶利口酒…7g

METHODS ｜ 作法 ｜

杏仁蛋白餅

01 蛋白、細砂糖攪拌打到全發，加入杏仁粉、糖粉用橡皮刮刀切拌混合均勻。

02 用直徑5cm的圓形模框沾上少許蛋白霜，在烤盤上呈間距壓出圓形輪廓。

03 擠花袋（平口花嘴）裝入作法①沿著圓形輪廓擠出圓形。

（平口花嘴 SN7065）

04 擠製完成。

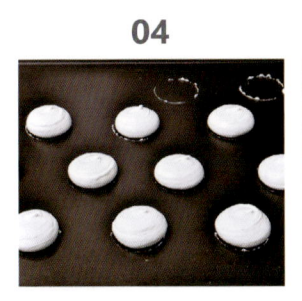

05 用旋風烤箱，以120℃烘烤90分鐘（**烤微上色至帶點焦香味與紅茶的香氣最對味**）。

紅玉栗子餡

06 軟化奶油、紅玉茶粉放入鋼盆，用打蛋器攪拌至呈現乳霜狀。

07 另將含糖栗子泥、無糖栗子泥混合打軟，加入作法⑥。

08 混合攪拌均勻。

Texture →攪拌到此種狀態

09 放在大篩網上過篩，使其細緻均勻。

茶布蕾

10 **使用模型**。直徑4cm圓形模框，底部用保鮮膜包覆（約15個）。

Tea 3　茶香美學新詮釋的法式經典

— 175 —

11 蛋黃、2/3細砂糖放入鋼盆，用打蛋器攪拌至糖融化，加入紅玉茶粉拌勻。

12 鮮奶、動物鮮奶油、1/3細砂糖放入鍋裡，以小火煮至沸騰後，沖入作法⑪中混合拌勻，並回煮至82℃。

13 加入吉利丁凍拌勻。

14 用均質機拌勻後，灌入模型中（直徑4cm×高2cm，每個20g，約15個），放冷凍。

茶香香緹

15 動物鮮奶油、細砂糖加熱至70℃，加入吉利丁凍拌勻。

組合完工

16 再加入冷藏的動物鮮奶油、紅茶利口酒均質攪拌，覆蓋密封好、冷藏至隔夜。

17 從冷藏取出，攪拌打至8分發使用。

18 杏仁蛋白餅頂部擠上少許鮮奶油霜，放上茶布蕾。

平口花嘴 SN7065

MONT BLANC

19 再擠上少許鮮奶油霜。

20 放置整顆的糖漬栗子。

21 將茶香香緹裝入擠花袋（平口花嘴），在作法⑳上以繞圈的方式、由底而上擠出茶香香緹（約35g），用抹刀打底抹平，放冷凍定型。

平口花嘴 SN7065

22 將紅玉栗子餡填入擠花袋。

蒙布朗花嘴254

23 以繞圈方式擠在冷凍的作法㉑上，由底而上緊密的擠出一圈圈的紅玉栗子餡（約120g）。

24 最後在表面篩撒上防潮糖粉。

25 完成紅玉蒙布朗。

Tea 3　茶香美學新詮釋的法式經典

— 177 —

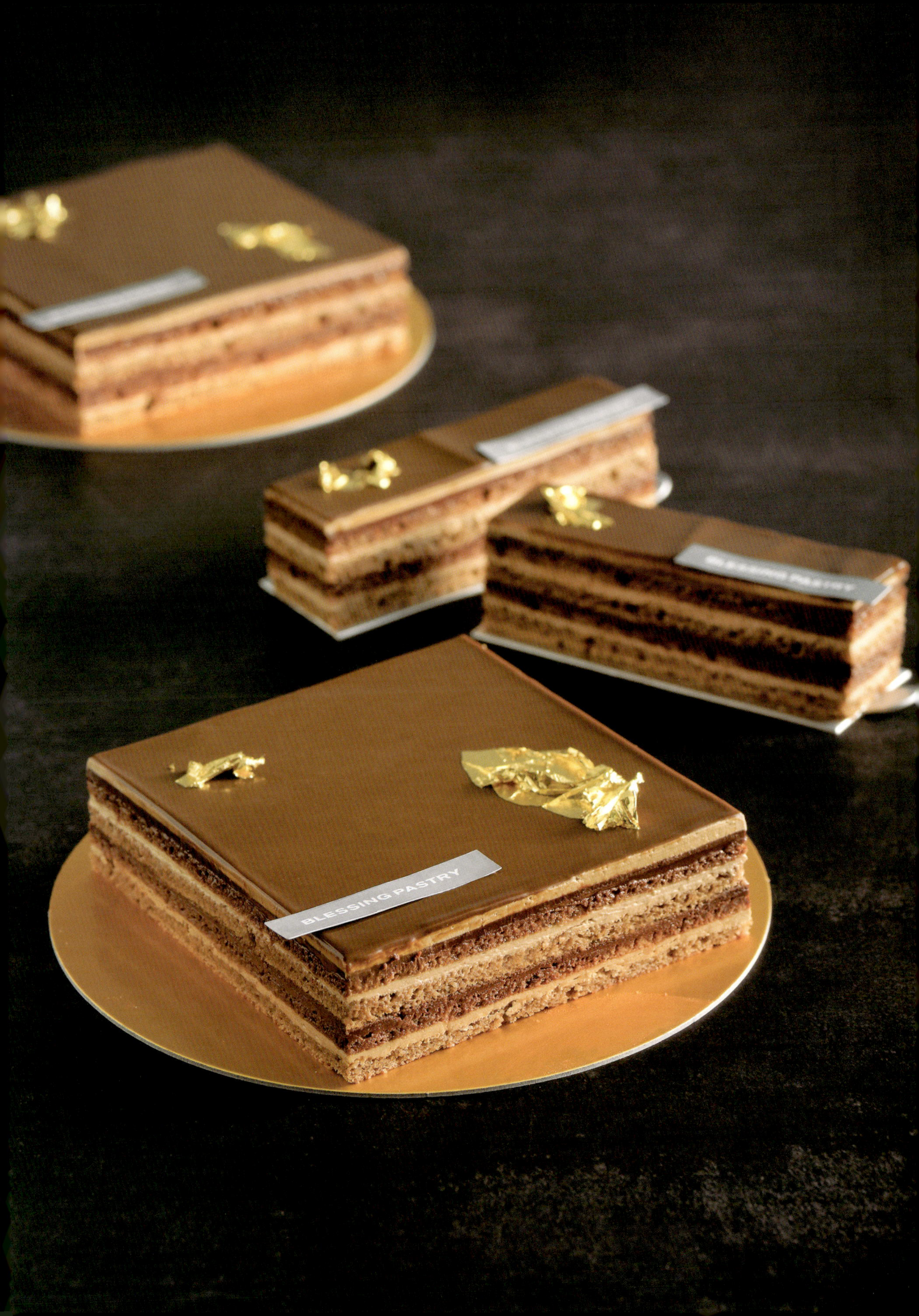
BLESSING PASTRY
BLESSING PASTRY

OPERA
東方美人歐培拉

以東方美人茶粉製作杏仁蛋糕體,塗刷添加知名的東方美人茶酒調配的糖酒液,提引出獨特迷人的香氣,加上東方美人奶油霜、巧克力甘納許的層層堆疊,組構成同時滿足視覺與味覺的世界經典。

東方美人淋面
金箔
東方美人奶油霜
巧克力甘納許
酒糖液
東方美人杏仁蛋糕

DATA
- **醇厚度** —— 輕淡 ▓▓▓▓ 濃厚
- **口　感** —— 硬脆｜酥脆｜蓬鬆｜**濕潤**｜**豐厚紮實**
- **香　氣** —— 清新 ▓▓▓▓ 濃厚

INGREDIENTS ｜ 材料 ｜

份量／37×27cm,1模框

東方美人杏仁蛋糕
全蛋…312.5g
杏仁粉…250g
糖粉…125g
低筋麵粉…57g
蛋白…212.5g
細砂糖…105g
海藻糖…35g
無鹽奶油…45g
東方美人茶粉…6g

東方美人奶油霜
Ⓐ 蛋黃…44g
　 細砂糖…65g
鮮奶…75g
無鹽奶油…307g
東方美人茶粉…17g
蛋白…51g
Ⓑ 細砂糖…103g
　 水…24g
鹽…1g

東方美人淋面
動物鮮奶油…100g
鏡面果膠…100g
34%調溫白巧克力…175g
東方美人茶粉…11g

巧克力甘納許
動物鮮奶油…300g
葡萄糖漿…30g
64%苦甜巧克力…235g
無鹽奶油…25g

酒糖液
水…370g
細砂糖…44g
東方美人茶葉…8g
東方美人茶酒…98g

※東方美人茶酒

Tea 3 　茶香美學新詮釋的法式經典

METHODS ｜ 作法 ｜

使用模型

01 四方形蛋糕模框37×27×5cm（1框，切12×12cm，約6塊）。

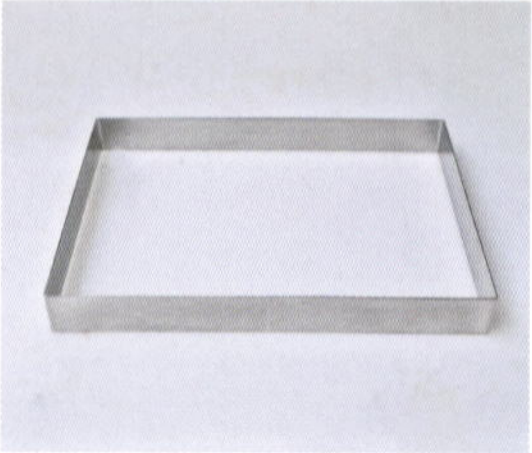

東方美人杏仁蛋糕

02 奶油隔水加熱融化至40℃，加入東方美人茶粉混合拌勻，備用。

03 全蛋、杏仁粉、糖粉放入攪拌缸，隔水加熱至40℃。

04 用中速攪拌打發。

05 蛋白、細砂糖、海藻糖放入攪拌缸，以中速攪拌打至呈勾角挺立的狀態。

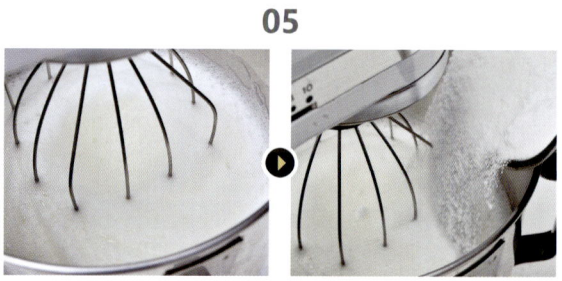

\ Texture / 
→打發到這種狀態

06 將作法⑤的打發蛋白加入作法④中粗略的混拌，再加入低筋麵粉輕輕混拌均勻。

07 取1/3的麵糊與作法② 先混合拌勻。

OPERA

巧克力甘納許

08 
再倒回剩餘2/3的麵糊裡輕輕拌混均勻。

Texture 
→攪拌到這種狀態

09 
將麵糊倒入烤盤中,抹平表面,用旋風烤箱,以180℃烘烤8分鐘。出爐、脫模放涼。

10 
鮮奶油、葡萄糖漿放入鍋裡加熱煮至沸騰(約70℃)。

東方美人奶油霜

11 
將64%苦甜巧克力放入容器裡,加入作法⑩混合拌融,均質至乳化滑順,靜置降溫至40℃。

12 
接著,加入奶油均質攪拌至乳化均勻,備用。

13 
將細砂糖、蛋黃用打蛋器攪拌打勻,再沖進煮沸的鮮奶混合拌勻,回煮至82℃。

14 
材料Ⓑ放入鍋裡加熱煮至118℃。另將蛋白放入攪拌缸,邊加入糖漿邊打發至呈勾角挺立的態狀,待降溫至35℃。

15 
分次加入切丁的奶油,以高速攪拌至乳化均勻,最後加入東方美人茶粉拌勻。

16 
待降溫30℃,繼續邊加入作法⑬邊混拌均勻。

Tea 3 茶香美學新詮釋的法式經典

酒糖液

17 將水加熱煮沸,加入東方美人茶葉浸泡約5分鐘至茶葉漲開,過濾出茶液。

18 待冷卻後(40℃)加入東方美人茶酒拌勻。

東方美人淋面

19 將34%調溫白巧克力隔水加熱融化至30℃,加入東方美人茶粉混合拌勻。

20 鮮奶油放入鍋中加熱煮至70℃,倒入作法⑲中混拌至融化,加入鏡面果膠,均質使其乳化至滑順,備用。

組合完工

21 蛋糕體對切成二並將兩片上下重疊,放上四方形模框裁切成37×27×0.5cm(4片1組)。

22 在蛋糕模框中鋪放上第一片蛋糕體,表面均勻的塗刷酒糖液(125g),再塗抹上東方美人奶油霜(225g)。

23 蓋上第二片蛋糕體,用L型抹刀稍按壓使其密合,表面塗刷酒糖液(125g)。

OPERA

24 接著,倒入巧克力甘納許(290g),抹平。

25 依法再重複操作一次。在蛋糕模框中鋪放上第三片蛋糕體,表面均勻的塗刷酒糖液(125g),再塗抹上東方美人奶油霜(225g)。

26 蓋上第四片蛋糕體,用L型抹刀稍按壓密合,表面塗刷酒糖(125g),倒入巧克力甘納許(290g),抹平。

27 最後在表面塗抹上東方美人奶油霜(225g),放冷凍庫冷卻凝固。

28 從冷凍取出蛋糕體,底部隔著架有網架的烤盤,淋上東方美人淋面,用抹刀輕抹,將多餘的淋面抹除。

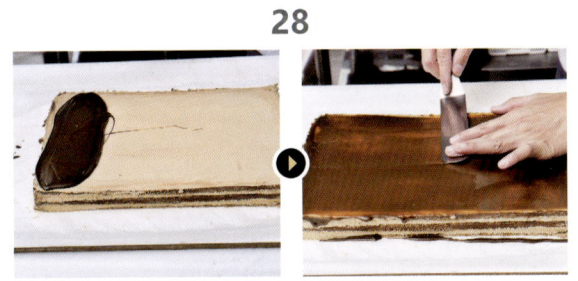

29 完成東方美人歐貝拉。分切時用熱刀切長塊狀即可。

30 完成及裁切尺寸。

🍃 完成品為:37×27cm的一模框,若裁切12×12cm可裁切成6塊。若裁切3×12cm可裁切成12塊。

Tea 3　茶香美學新詮釋的法式經典

★COLUMN★
提升糕點層次的表面裝飾

利用事先完成的蛋白餅、酥粒簡單的裝飾，就能提升糕點整體的質感。
這裡就書中使用的基本配方與作法說明。

01 淋面／披覆巧克力

應用／淋面、披覆甘納許，不僅可營造出華麗的高級質感，同時還有增添糕點的風味，防止乾燥的作用。另外，像是在蛋糕上塗刷糖漿、酒糖液、或噴上酒類，也有增添風味以及保濕的效果。

02 塗刷蛋液

應用／在麵團上塗刷打散的蛋液，可幫助上色增添光澤。書中用的裝飾蛋黃液，是以蛋黃與鮮奶油以4:1的比例拌勻過篩後使用。塗刷時，盡量讓毛刷平貼麵團，均勻地塗刷整個表面即可。

03 裝飾用蛋白餅

應用／材料：蛋白50g、細砂糖55g、糖粉50g。將蛋白、細砂糖、糖粉攪拌打至硬挺狀態，倒入烤盤，用刮板抹成厚度0.2～0.3cm，用上下火70℃低溫烘烤2.5～3小時。取出，立即密封包覆，避免受潮。

04 巧克力酥菠蘿

應用／
- 材料：無鹽奶油50g、細砂糖50g、杏仁粉50g、T55法國麵粉（或中筋）45g、可可粉5g。製作參見P.143餅乾酥粒混合成砂粒狀，平鋪烤盤上。
- 生巧克力酥菠蘿。撒上少許高筋麵粉，撥鬆，用保鮮膜覆蓋，放冰箱冷凍至變硬。
- 烤熟巧克力酥菠蘿。放入烤箱，以160℃烘烤12～15分鐘至金黃，取出即可使用。

05 裹粉

應用／防潮糖粉與風味材料混合後，如細雪般篩撒在餅乾上，或將餅乾整體沾裹均勻。由於糖粉遇熱會溶解，必須待餅乾放涼後再進行。

TEA

04

茶香果香豐盈的
特色甜點

茶類的香氣與果香的酸甜，能相互加乘讓味道變得深奧；
而堅果、杏仁與奶油餡與茶類最是合拍，可為甜點增添沉穩的芳香，
以茶風味為主軸，結合不同的質地細膩的堆疊層次，
營造出層次豐富的食感變化，顛覆你對茶甜點的既定想像。

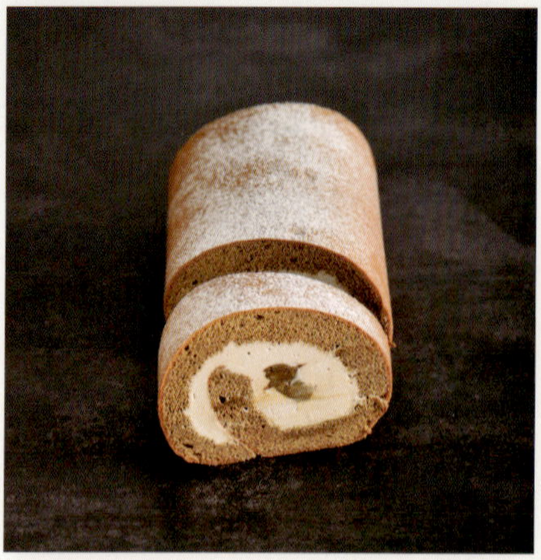
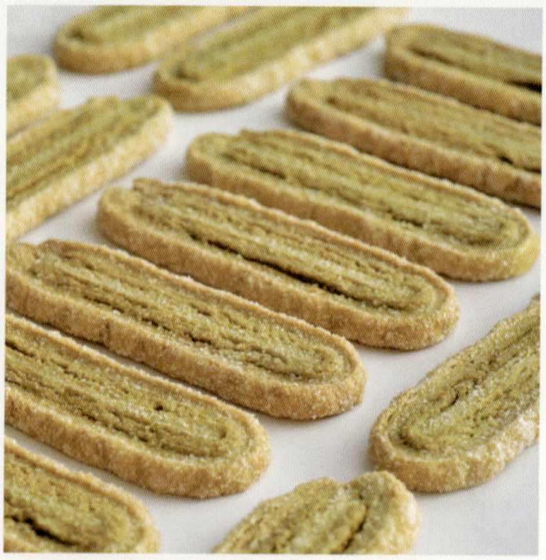
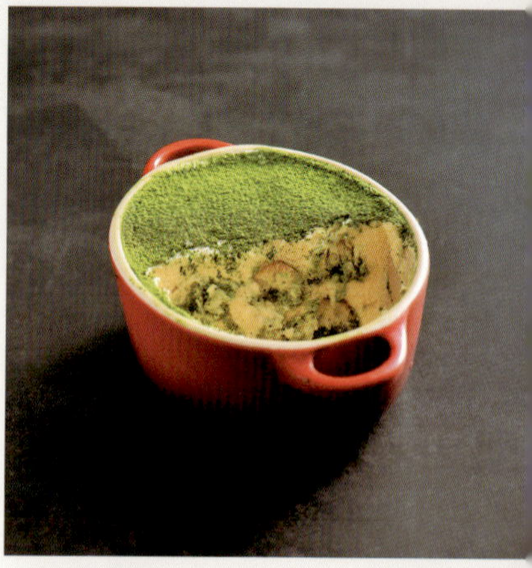
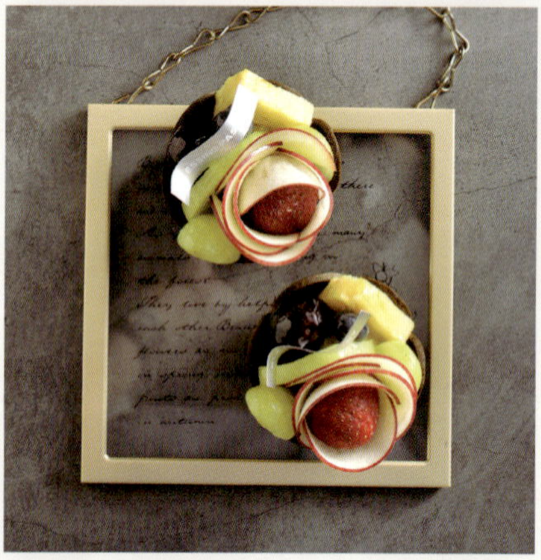
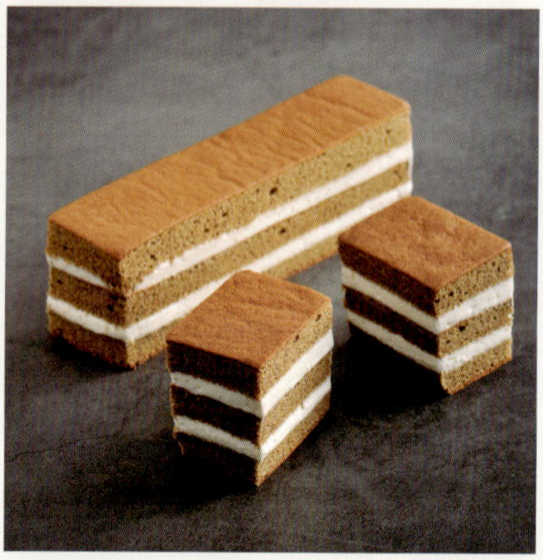
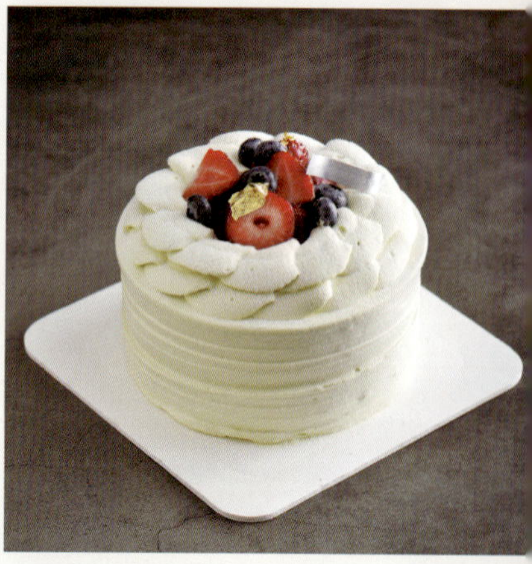
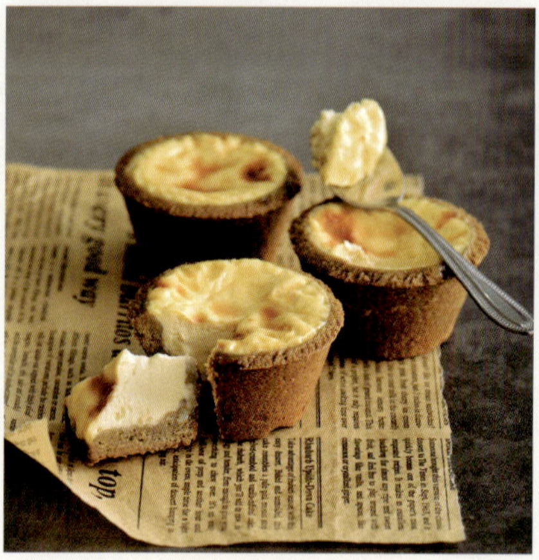
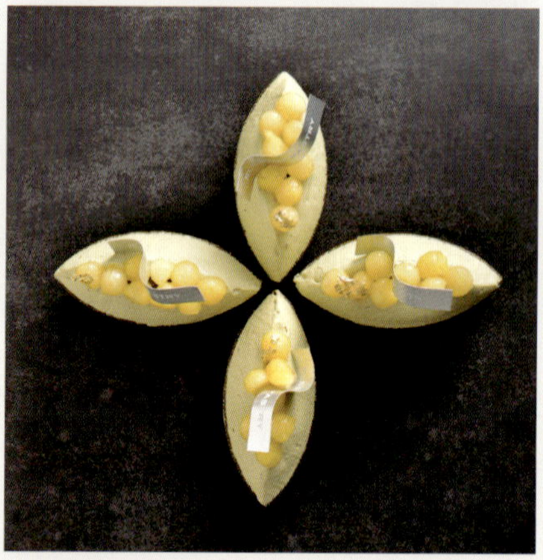
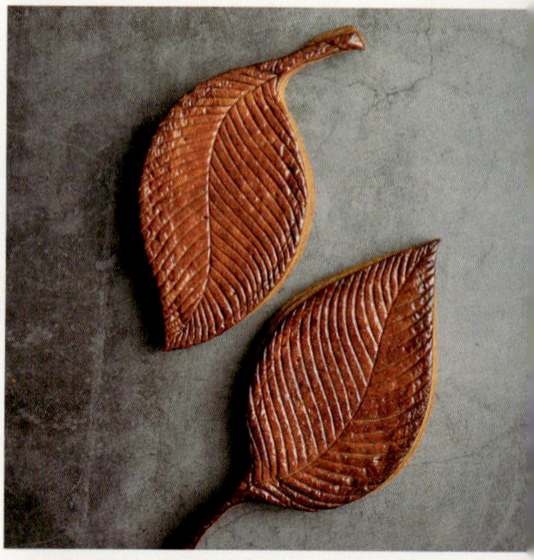
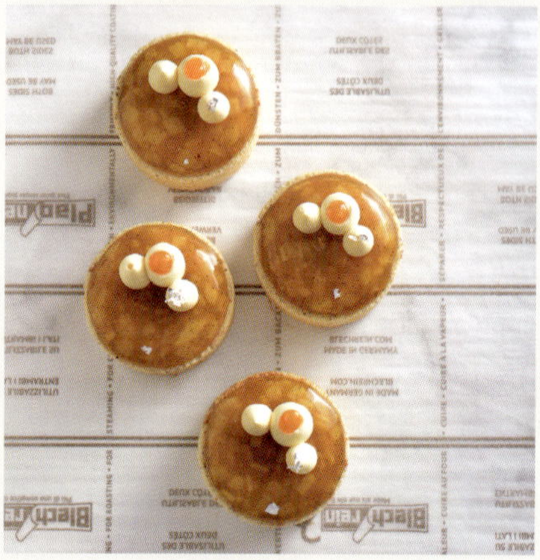
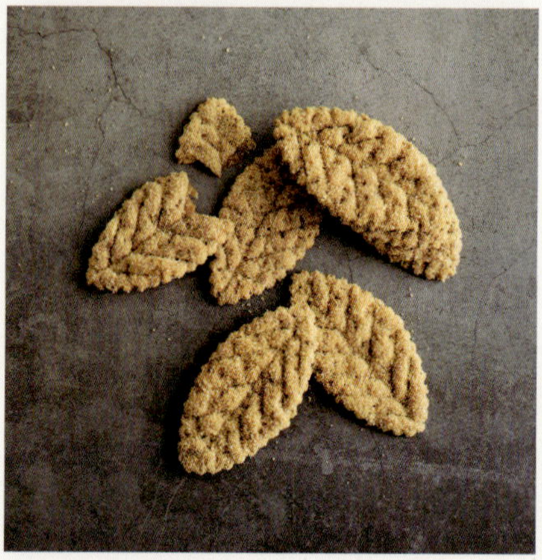
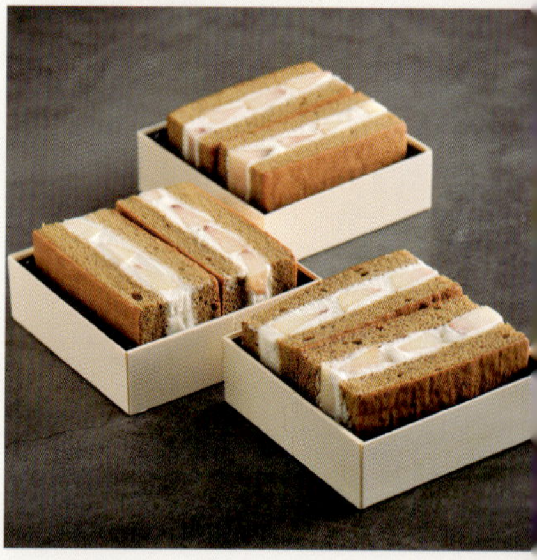

BASIC.08 快速派皮

不同於麵團包裹奶油的折疊作法，而是在一開始就將切丁冷藏的奶油與粉類混合切拌成油丁狀。這種混合法，不會那麼快融化，也比較方便操作，並能縮短要冷藏鬆弛的時間。以此混合法成形，派皮層次不如傳統折疊明顯，向上膨脹的力道也較有限，適用於薄脆的派餅。

材料

中筋麵粉…250g
無鹽奶油…175g
　▶切小塊狀，冷凍
水…110g
鹽…3g
細砂糖…20g

作法（四折／4次）

01　水、鹽、細砂糖用打蛋器混合拌勻。

02　中筋麵粉、冷凍奶油丁放入攪拌缸。

03　邊加入作法①、邊以中速攪拌。

04　攪拌混合成團。

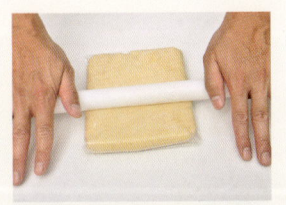

05　將麵團用塑膠袋包覆，拍壓扁。

06　放冰箱冷藏一晚。

07　取出麵團，擀壓成厚度約7mm。

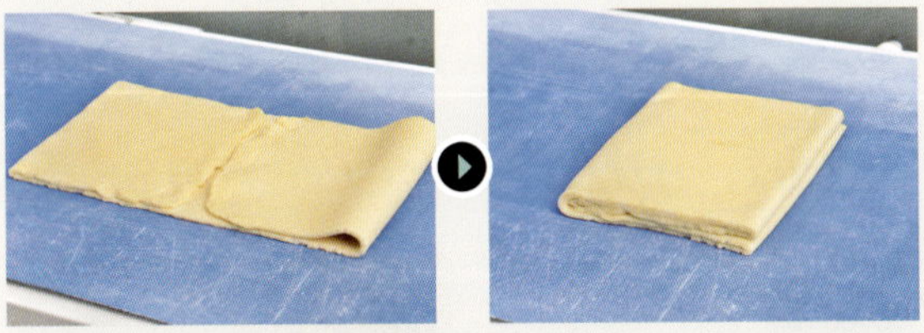

08　將左右兩側1/4的麵團往中間折，用擀麵棍壓平整，再對折，折成四折（四折1次）。

09　作法⑧延壓擀平。將左右兩側1/4的麵團往中間折，用擀麵棍擀壓平整，再對折，折成四折（四折2次）。用塑膠袋包覆好，放冷藏鬆弛1小時。

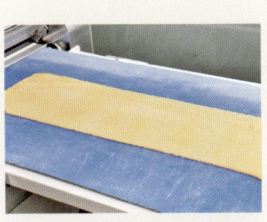

10　重複操作四折2次（共四折4次），將麵團用塑膠袋包覆好，放冷藏鬆弛1小時。將麵團擀壓延展成所需的厚度，鬆弛，冷凍備用。

BASIC.09 反折千層派皮

相對於傳統以麵團包裹奶油的折疊法來說,反折法就是以奶油包覆麵團,再重複擀壓與折疊,以產生多重的層次。反折法的口感酥鬆、化口性佳。常用來製作法式千層酥、國王餅等。

材料

【油層】
片狀奶油…375g
▶ 切小塊狀,冷凍
T55法國麵粉…150g

【麵皮】
片狀奶油…100g
▶ 切小塊狀,冷凍
T55法國麵粉…200g
低筋麵粉…150g

細砂糖…25g
鹽…7.5g
水…110g
醋…3g

作法(三折1次／四折1次／三折1次／四折1次)

油層

01 片狀奶油丁、T55法國麵粉放入攪拌缸中,以低速攪拌混合均勻。

02 將麵團拍壓整型成四方狀。

麵皮

03 用擀麵棍擀壓平,用塑膠袋包覆,放冰箱冷藏一晚。

04 將細砂糖、鹽、水、醋用打蛋器混合攪拌均勻。

05 片狀奶油丁、T55法國麵粉、低筋麵粉放入攪拌缸中。

06 以中速攪拌混合成砂粒狀,接著加入作法④混合攪拌均勻成光滑麵團。

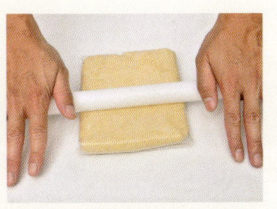

07 將麵團裝入塑膠袋,拍壓扁、整理成四方狀。

折疊

08 放冰箱冷藏一晚。

09 **油層**。將油層延壓成厚度約7mm。**油層包裹麵皮**。在油層中間處放上麵皮麵團,將兩側1/4的油層麵團往中間折。

10 用擀麵棍平均的稍擀壓平整。

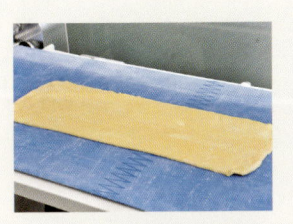

11 再將麵團延壓擀平。

12 將左右兩側1/3的麵團往中間折,折成三折(三折1次)。

13 將麵團延壓擀平。

14 將左右兩側1/4的麵團往中間折,再對折,折成四折(四折1次)。

15 用塑膠袋包覆,放冷藏鬆弛1小時。

16 再依法重複操作三折1次、四折1次後,用塑膠袋包覆冷藏鬆弛1小時。將麵團擀壓延展成所需的厚度即可。

茶香果香豐盈的特色甜點

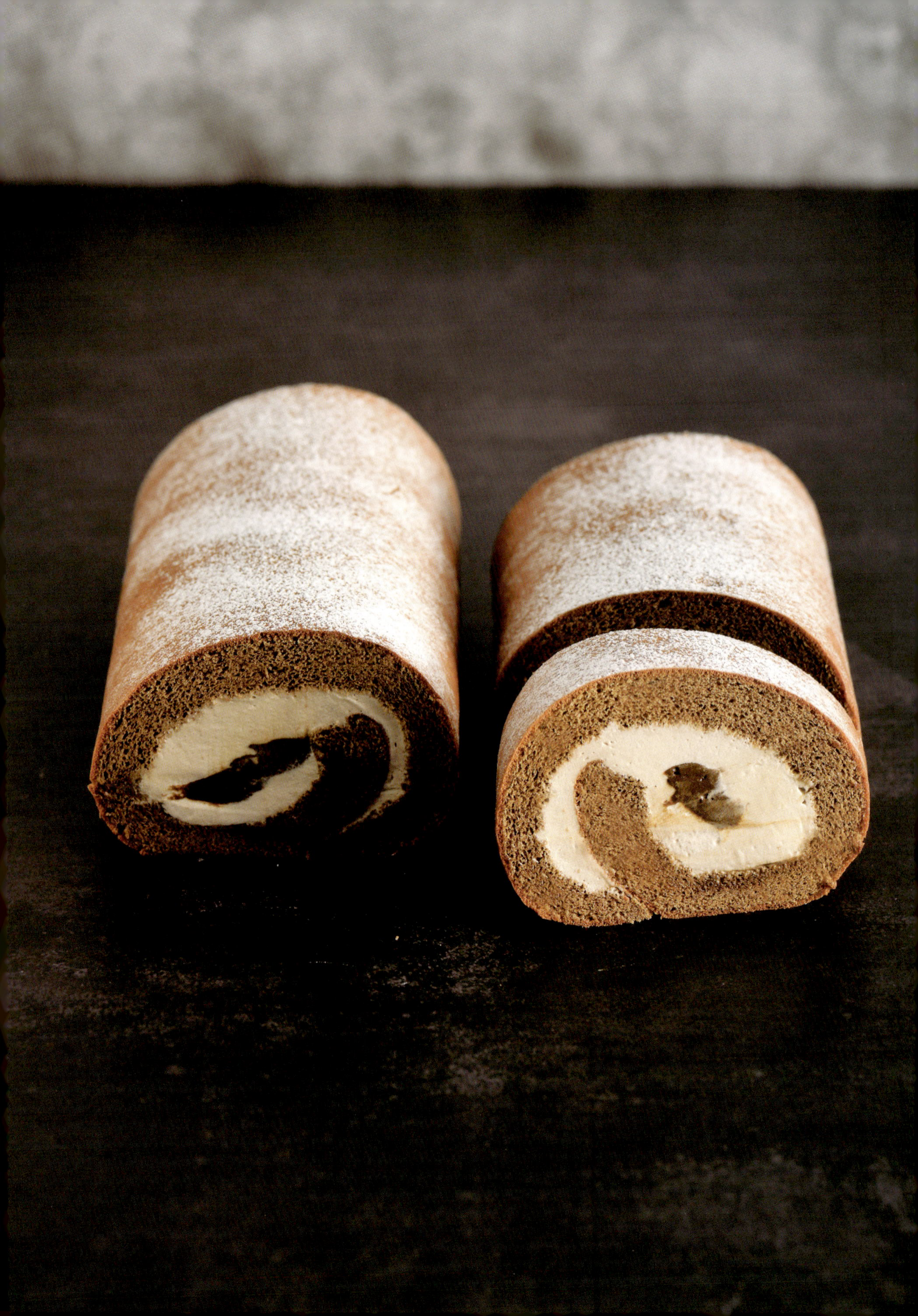

ROLL CAKE

紅烏龍生乳捲

茶香是重點外，內餡也是另一大特點，醇厚茶香與柔和奶香交織，
帶出了溫潤的口感，尾韻還可以感受到淡淡的茶香。
獨特茶香、綿密濕軟的口感，簡單的組合也是魅力所在。

防潮糖粉
紅烏龍茶鮮奶油
紅烏龍茶蛋糕
紅烏龍茶卡士達

DATA

- **醇厚度** —— 輕淡 ▓▓▓▓▓ 濃厚
- **口　感** —— 硬脆 | 酥脆 | **蓬鬆** | **濕潤** | 豐厚紮實
- **香　氣** —— 清新 ▓▓▓▓▓ 濃厚

Tea 4

茶香果香豐盈的特色甜點

INGREDIENTS　| 材料 |

份量／18cm，4條

紅烏龍茶蛋糕

Ⓐ 蛋黃…325g
　 細砂糖…45g
　 蜂蜜…25g
Ⓑ 蛋白…320g
　 細砂糖…165g
低筋麵粉…75g
米穀粉…12g
紅烏龍茶粉…19g

Ⓒ 無鹽奶油…45g
　 牛奶…20g
　 葡萄籽油…90g

紅烏龍茶鮮奶油

40%純生鮮奶油…290g
動物鮮奶油…190g
細砂糖 48g
紅烏龍茶粉…4.8g

紅烏龍茶卡士達

卡士達（P.35）…120g
動物鮮奶油…60g
紅烏龍茶粉…20g

— 191 —

METHODS ｜ 作法 ｜

使用模型

01 烤盤60×40cm鋪好烘焙紙。

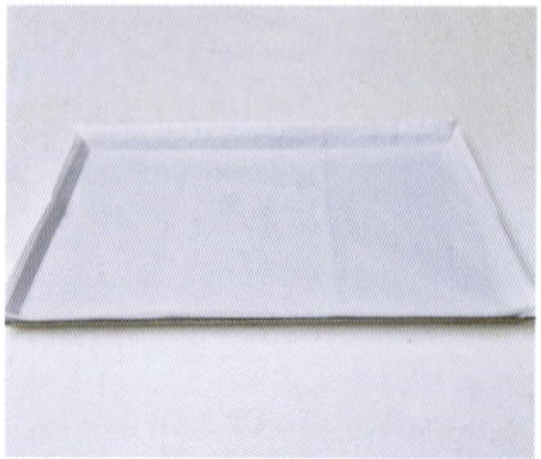

紅烏龍茶蛋糕

02 低筋麵粉、米穀粉混合過篩。

03 將材料Ⓒ放入鋼盆加熱至40℃，加入紅烏龍茶粉混合拌勻，備用。

04 將材料Ⓐ放入鋼盆。

05 隔水加熱40℃，離火，攪拌打發。

Texture → 攪拌到這種狀態

06 將材料Ⓑ以中速攪拌打至呈勾角挺立的狀態。

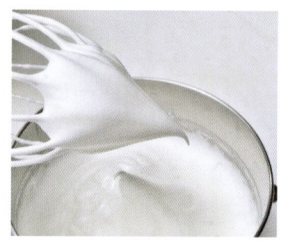

07 將作法⑥加入作法⑤中粗略的混拌。

08 再加入作法②混合拌勻至無粉粒。

09 最後分次加入作法③混合拌勻。

10 將麵糊倒入烤盤中，用刮刀抹平，放入烤箱，以上火180℃／下火160℃烘烤10分鐘，轉向，繼續烤6分鐘，出爐放涼。

ROLL CAKE

紅烏龍茶鮮奶油

11

將純生鮮奶油與其他材料攪拌打發,備用。

紅烏龍茶卡士達

12

將茶粉、鮮奶油攪拌打至9分發。卡士達攪拌打軟,加入打發鮮奶油輕拌混合均勻。

組合完工

13

蛋糕體對切成二(30×40cm)。底部鋪上烘焙紙,將蛋糕體烤色面朝下,用抹刀塗抹上紅烏龍茶鮮奶油(約270g),並整成均勻的厚度。在近身處的一側擠上紅烏龍茶卡士達(約90g)。

14

將擀麵棍連同烘焙紙拉起。

15

將蛋糕體往前捲。

16

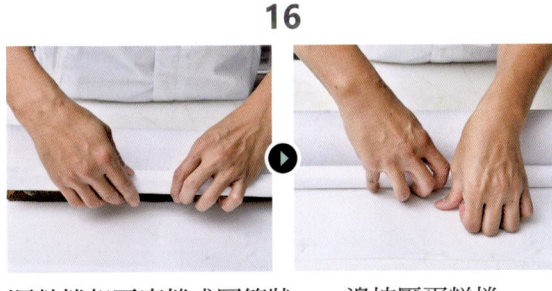

順勢捲起至底捲成圓筒狀,一邊按壓蛋糕捲。

17

一邊將烘焙紙往內捲入,使蛋糕捲變得緊實。

\ Point /

→捲成這樣狀態

18

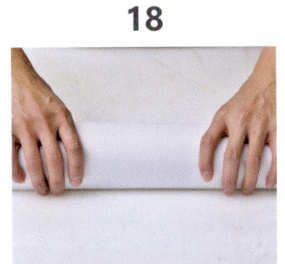

連同烘焙紙,放冷藏1小時冷卻定型。將冷卻蛋糕體裁切成17cm,篩撒上防潮糖粉(份量外)。

\ Point /

→捲成這樣狀態

Tea 4 — 茶香果香豐盈的特色甜點

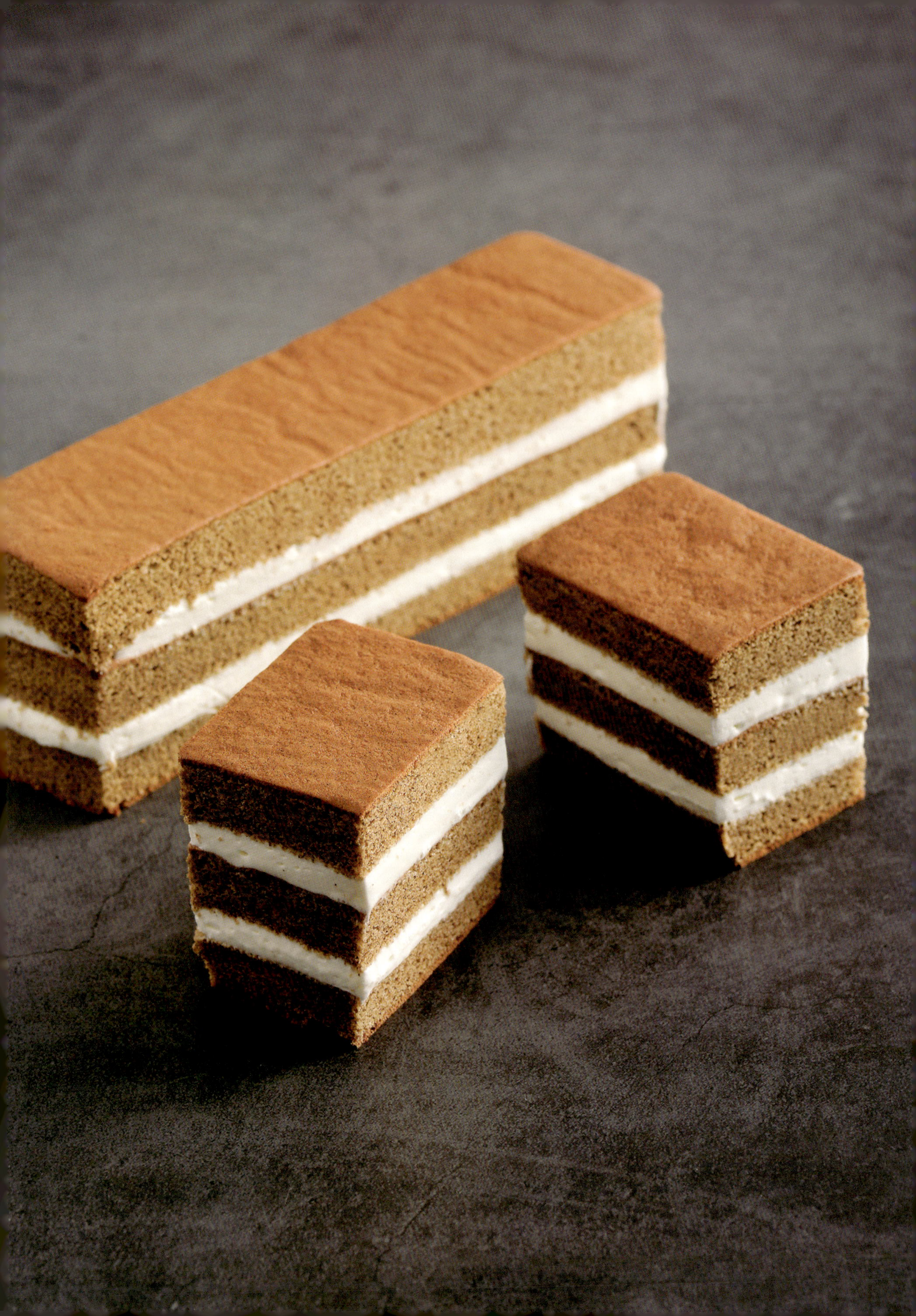

SHORT CAKE

紅烏龍純生生乳夾心

以紅烏龍茶製作出清新爽口的蛋糕，搭配40%純生鮮奶油香緹；
簡約的蛋糕與內餡夾層堆疊，組構成同時滿足視覺與味覺的生乳夾心蛋糕。
香甜不膩的美味，正是其魅力所在。

40%純生鮮奶油香緹

紅烏龍茶蛋糕

DATA

- **醇厚度** ── 輕淡 ▰▰▰▱▱ 濃厚
- **口　感** ── 硬脆｜酥脆｜**蓬鬆**｜**濕潤**｜豐厚紮實
- **香　氣** ── 清新 ▰▰▰▱▱ 濃厚

INGREDIENTS ｜ 材料 ｜

份量／8×5cm，長條11條

紅烏龍茶蛋糕

Ⓐ 蛋黃…325g
　細砂糖…45g
　蜂蜜…25g
Ⓑ 蛋白…320g
　細砂糖…165g
低筋麵粉…75g
米穀粉…12g
紅烏龍茶粉…19g

Ⓒ 無鹽奶油…45g
　牛奶…20g
　葡萄籽油…90g

40%純生鮮奶油香緹

40%純生鮮奶油…500g
細砂糖…25g
海藻糖…10g

Tea 4　茶香果香豐盈的特色甜點

METHODS ｜ 作法 ｜

使用模型
01 烤盤60×40cm鋪好烘焙紙。

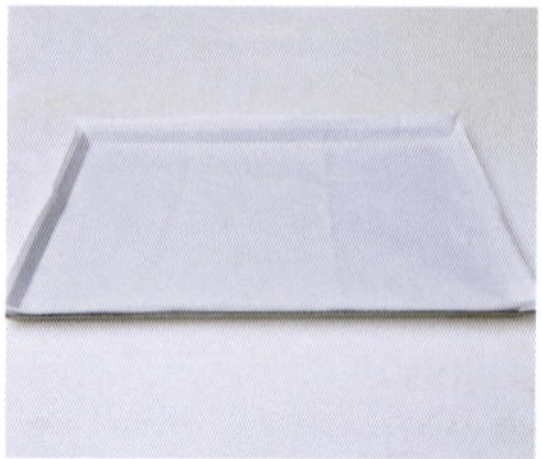

紅烏龍茶蛋糕
02 低筋麵粉、玉米粉混合過篩。

03 將材料Ⓒ放入鋼盆加熱至40℃，加入紅烏龍茶粉混合拌勻，備用。

04 將材料Ⓐ放入鋼盆。

05 邊隔水邊攪拌加熱至40℃，離火，攪拌打發。

\ Texture /
→攪拌到這種狀態

06 將材料Ⓑ以中速攪拌打至呈勾角挺立的狀態。

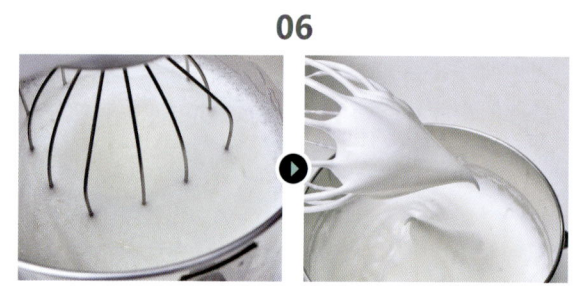

07 將作法⑥加入作法⑤中粗略的混拌，再加入作法②混合拌勻至無粉粒。

SHORT CAKE

08 最後分次加入作法③混合拌勻。

09 將麵糊倒入烤盤中，用刮刀抹平，放入烤箱，以上火180℃／下火160℃烘烤10分鐘，轉向，繼續烤6分鐘，出爐放涼。

40%純生鮮奶油香緹

10 將鮮奶油與其他材料攪拌打至8分發，備用。

組合完工

11 蛋糕體對切成二，再裁切成三等份（19×40cm）。

12 底部鋪上烘焙紙，將蛋糕體烤色面朝下，用抹刀在表面塗抹上純生鮮奶油香緹（約260g），蓋上一片蛋糕體（烤色面朝下）。

13 塗抹夾餡，最後蓋上蛋糕體（烤色面朝上），堆疊組合三層，放冷藏定型。

14 將蛋糕體對切成細長條或裁切成所需的形狀。

> 🍃 茶香風味的蛋糕與純生鮮奶油的輕爽乳香結合，是這款蛋糕的魅力特色。完成後經過短時間的置放，讓鮮奶油的水分滲透蛋糕體，兩者充分結合的狀態最是美味。夾餡的厚度建議在0.5-0.8cm，才能呈現出美麗的間層。

Tea 4　茶香果香豐盈的特色甜點

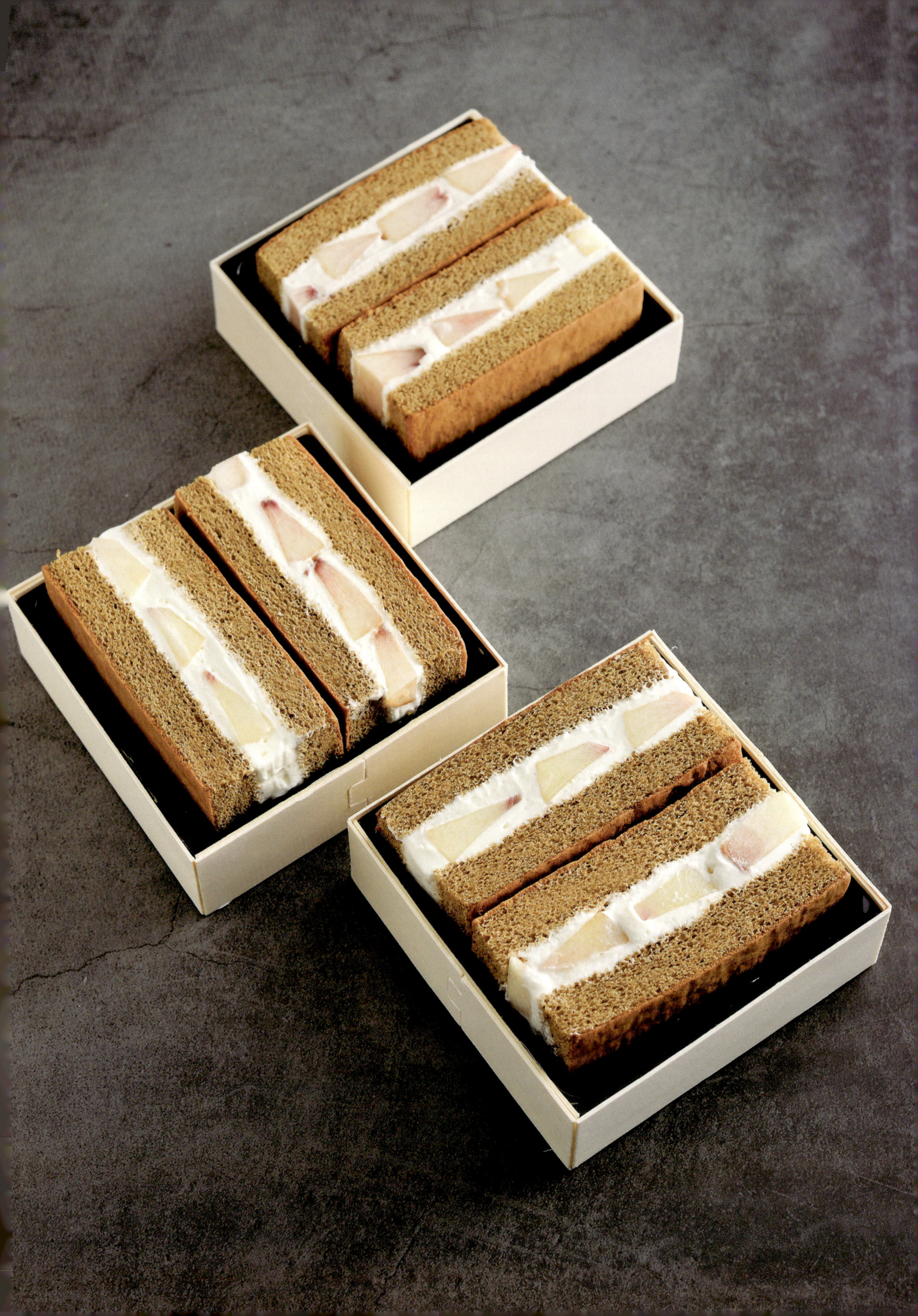

SHORT CAKE

貴妃烏龍水蜜桃夾心

以茶入味，特選醇厚的貴妃烏龍茶粉，搭配鮮奶油香緹，清甜的水蜜桃夾餡，帶出水蜜桃的柔軟細膩口感與獨特香氣，與烏龍茶香的蛋糕體融合地恰到好處。

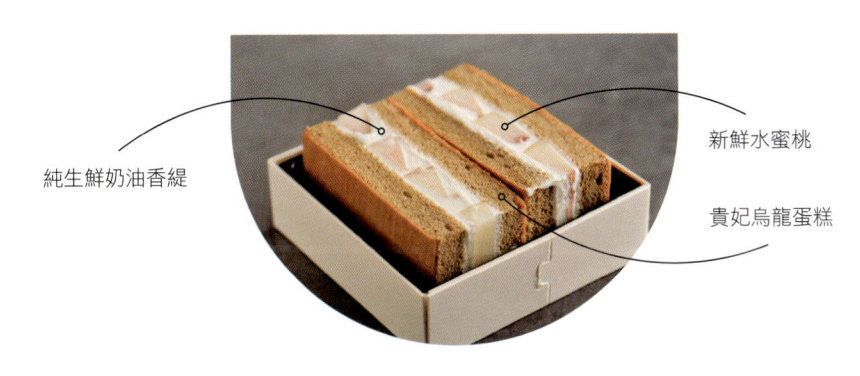

純生鮮奶油香緹 ── 新鮮水蜜桃
貴妃烏龍蛋糕

DATA
- **醇厚度** ── 輕淡 ▇▇▇ 濃厚
- **口　感** ── 硬脆｜酥脆｜**蓬鬆**｜**濕潤**｜豐厚紮實
- **香　氣** ── 清新 ▇▇▇ 濃厚

Tea 4　茶香果香豐盈的特色甜點

INGREDIENTS ｜ 材料 ｜　份量／28.5cm×40cm夾層蛋糕1個

貴妃烏龍蛋糕

Ⓐ 蛋黃…325g
　細砂糖…45g
　蜂蜜…25g
Ⓑ 蛋白…320g
　細砂糖…165g
低筋麵粉…75g
米穀粉…12g
貴妃烏龍茶粉…19g

Ⓒ 無鹽奶油…45g
　牛奶…20g
　太白胡麻油…90g

純生鮮奶油香緹

40％純生鮮奶油…290g
動物鮮奶油…190g
細砂糖…48g

內層夾餡

新鮮水蜜桃（或罐頭白桃）…4顆

使用模型
01 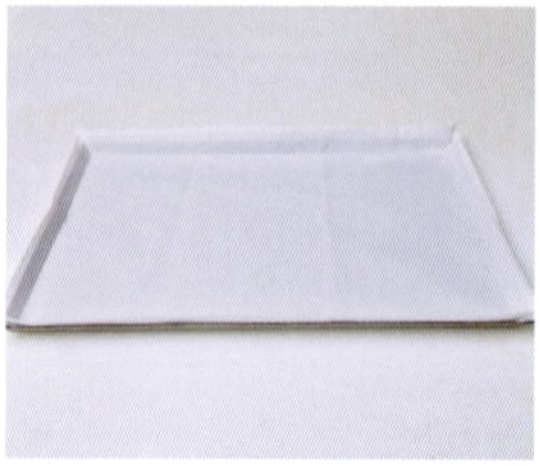
烤盤60×40cm鋪好烘焙紙。

貴妃烏龍蛋糕
02 
低筋麵粉、玉米粉混合過篩。

03
將材料ⓒ放入鋼盆裡加熱至40℃，加入貴妃烏龍茶粉混合拌勻，備用。

04
將材料Ⓐ隔水加熱至40℃，離火，攪拌打發至顏色泛白膨鬆。

\ Texture / 
→攪拌到這種狀態

05 
將材料Ⓑ放入攪拌缸，以高速攪拌打發至呈勾角的挺立的狀態。

06
將作法⑤分次加入作法④中粗略的混拌，再加入作法②混合拌勻至無粉粒。

07 
最後加過篩的作法③混合。

SHORT CAKE

純生鮮奶油香緹

08 用橡皮刮刀以翻拌的方式輕輕混合拌勻。

09 將麵糊倒入烤盤中,抹平,放入烤箱,以上下180／下火160℃烘烤約10分鐘,轉向再續烤6分鐘,脫模放涼。

10 純生鮮奶油、鮮奶油、細砂糖混合攪拌打發即可。

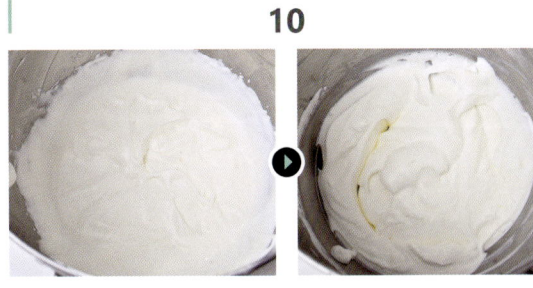

組合完工

11 將蛋糕體對切成二(28.5cm×40cm)。

12 在一片蛋糕體上(烤色面朝下)塗抹上純生鮮奶油香緹(每層約260g)。

13 再鋪放上新鮮水蜜桃片,以弧面朝上、朝下相鄰的方式排滿表面。

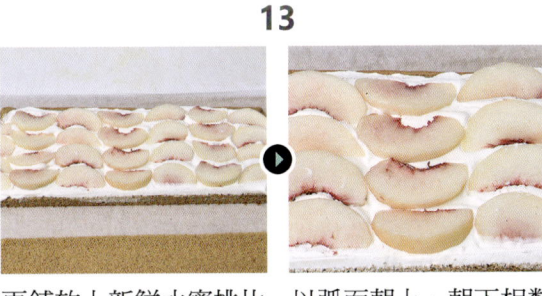

14 再塗抹純生鮮奶油香緹,覆蓋上一片蛋糕體(烤色面朝上)放冷藏使其定型。

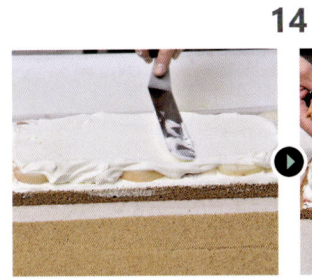

15 從冷藏取出,裁切成所需的形狀大小即可。

16 完成時最美味,請於當日食用完畢。

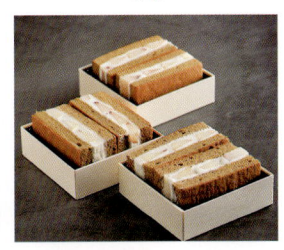

Tea 4 茶香果香豐盈的特色甜點

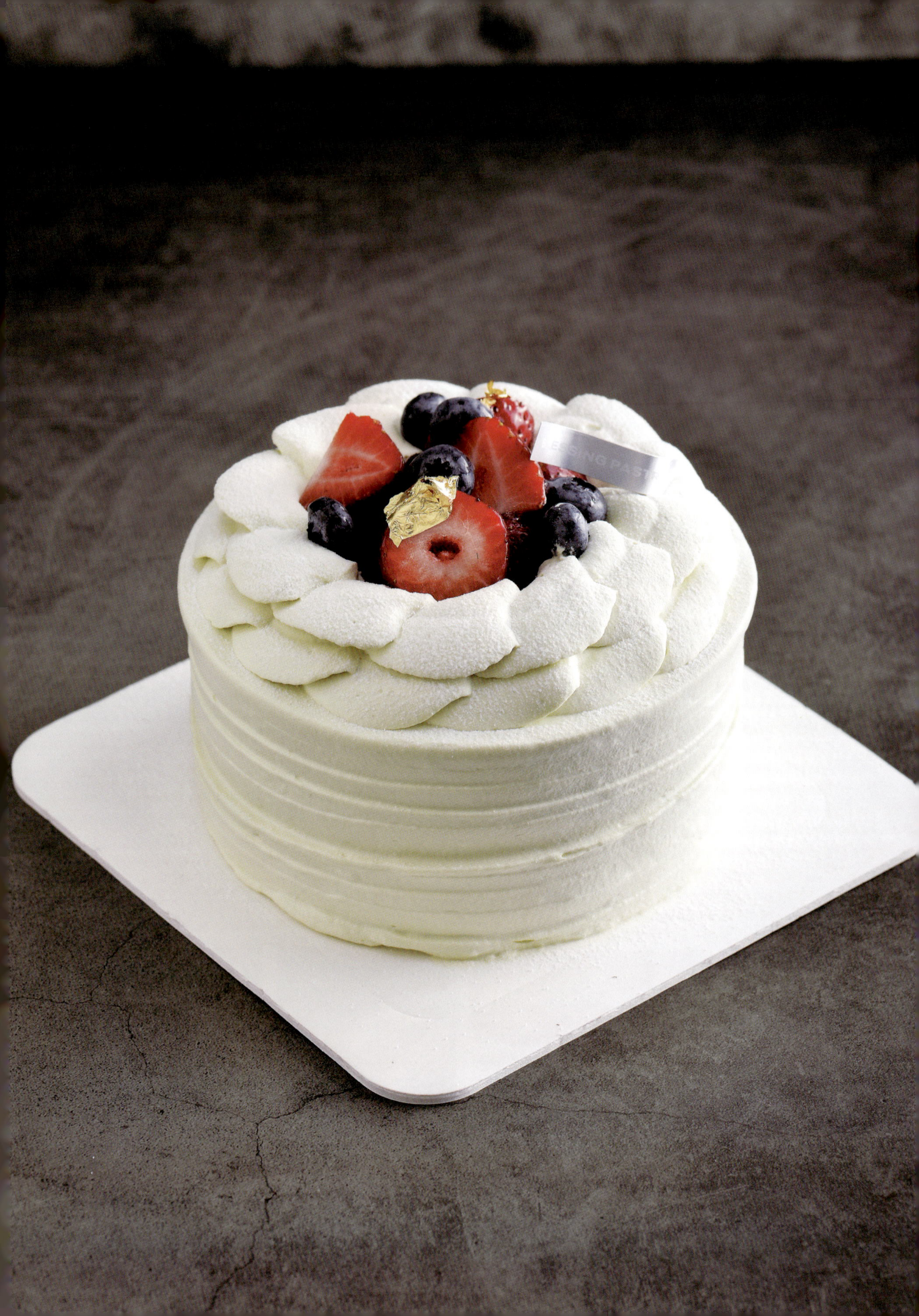

SHORT CAKE
煎茶草莓鮮奶油蛋糕

在綿密的煎茶海綿蛋糕體中，夾著清甜爽口的草莓和煎茶鮮奶油香緹，簡約的擠花裝飾，再結合色澤艷麗的莓果點綴，優雅而細緻！

煎茶鮮奶油香緹
煎茶海綿蛋糕

新鮮莓果
金箔
防潮糖粉
新鮮草莓

Tea 4 茶香果香豐盈的特色甜點

DATA

- **醇厚度** ── 輕淡 ▮▮▯▯▯ 濃厚
- **口　感** ── 硬脆 | 酥脆 | **蓬鬆** | **濕潤** | 豐厚紮實
- **香　氣** ── 清新 ▮▮▯▯▯ 濃厚

INGREDIENTS　|　材料　|　　　　份量／6吋3個

煎茶海綿蛋糕

Ⓐ 全蛋…370g
　蛋黃…60g
　細砂糖…125g
　海藻糖…40g
　葡萄糖漿…15g
　蜂蜜…10g
低筋麵粉…135g

Ⓑ 無鹽奶油…30g
　葡萄籽油…40g
　鮮奶…10g
煎茶粉…10g

煎茶鮮奶油香緹

40%純生鮮奶油…300g
35%純生鮮奶油…700g
細砂糖…70g
煎茶粉…10g

METHODS ｜ 作法 ｜

使用模型

01

6吋圓形蛋糕模,裁剪烘焙紙鋪在模型中。

煎茶海綿蛋糕

02

將材料Ⓐ放入鋼盆,隔水加熱至40℃,以高速攪拌打發,再轉中速攪打成細緻狀態。

\ Texture /

→攪拌到這種狀態

03

加入過篩的低筋麵粉,用橡皮刮刀由底往上翻拌混合拌勻至無粉粒。

04

另將材料Ⓑ隔水加熱融化至40℃,加入煎茶粉混合拌勻。

05

取1/3的作法③加入作法④中先混合拌勻。

06

再倒回剩餘2/3的作法③中混合。

07

將麵糊倒入6吋圓形模中(約260g),用刮刀抹平。震敲檯面排出空氣後,放入烤箱,以上火185℃／下火140℃烘烤15分鐘。

SHORT CAKE

煎茶鮮奶油香緹

08 將鮮奶油與其他材料攪拌打至8分發,備用。

組合完工

09 撕除烘焙紙,將蛋糕體頂部切除、平整後分切成三等份。

10 取一片蛋糕體為底,用抹刀均勻的塗抹上煎茶鮮奶油香緹,將草莓頂部朝內,圍擺鋪放上草莓片。

11 再塗抹煎茶鮮奶油香緹,蓋上第二片蛋糕體。

12 再重複操作一次抹餡、鋪放草莓、抹餡的操作,最後鋪放上第三片蛋糕體,組合成三層。外層用煎茶鮮奶油香緹打底。

13 用葉形擠花嘴擠花圍邊裝飾,中間處放上新鮮水果,最後篩撒上防潮糖粉,用金箔點綴。

Tea 4 茶香果香豐盈的特色甜點

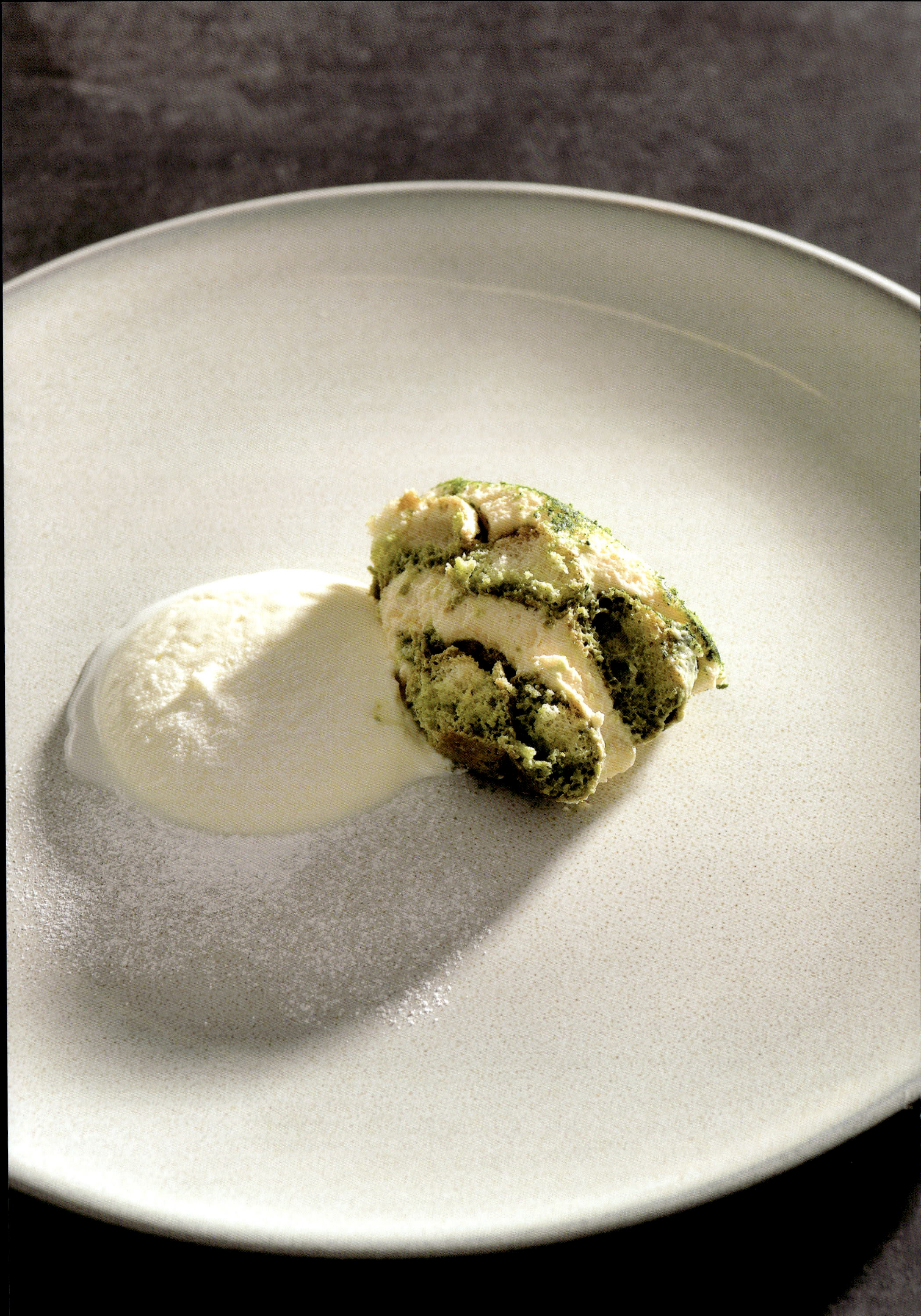

TIRAMISU
抹茶提拉

以抹茶粉搭配清酒製作出日系風味的抹茶糖漿,讓烤好的手指餅乾吸附飽滿的糖漿,再搭配奶香濃郁的起司內餡,入口細緻滑順,濃郁卻不膩口,苦甜香濃盡收於其中。抹茶愛好者絕對不能錯過的濃郁甜點。

抹茶糖粉

馬斯卡邦醬汁
馬斯卡邦慕斯
抹茶糖漿
手指餅乾

DATA

- **醇厚度** ── 輕淡 ▓▓▓▓ 濃厚
- **口　感** ── 硬脆 | 酥脆 | **蓬鬆** | **濕潤** | 豐厚紮實
- **香　氣** ── 清新 ▓▓ 濃厚

Tea 4　茶香果香豐盈的特色甜點

INGREDIENTS | 材料 |

份量／依使用容器大小

馬斯卡邦慕斯

馬斯卡邦起司…250g
（Mascarpone）
蛋黃…80g
細砂糖…35g
吉利丁凍…24g
打發動物鮮奶油…125g
▶6分發

抹茶糖漿

抹茶粉…10g
水（70℃）…180g
細砂糖…20g
清酒…20g

手指餅乾

蛋白…90g
細砂糖…55g
蛋黃…38g
低筋麵粉…75g

馬斯卡邦醬汁

馬斯卡邦起司…125g
（Mascarpone）
動物鮮奶油…22.5g
鮮奶…45g
細砂糖…26g

METHODS ｜ 作法 ｜

使用模型
01 
可依喜好選用容器。

馬士卡邦慕斯
02 
蛋黃、細砂糖邊隔水加熱邊攪拌打發，加入吉利丁凍拌勻。

03 
用篩網過篩，加入到馬士卡邦起司中。

\ Texture / 
→輕壓篩除結粒

04
用打蛋器混合拌勻，再加入打發鮮奶油（6分發）輕輕混合拌勻。

抹茶糖漿
05 
抹茶粉、細砂糖混合拌勻，加入溫熱水拌勻，放涼，加入清酒混勻。

手指餅乾
06 
將蛋白、細砂糖放入攪拌缸，用高速攪拌。

07 
攪拌打發至呈勾角挺立的狀態。

08
另將蛋黃略混拌打散，分次加入作法⑦，用切拌的方式拌勻。

09 
再加入低筋麵粉混合拌勻至無粉粒。

— 208 —

TIRAMISU

Texture
→攪拌到這樣的狀態

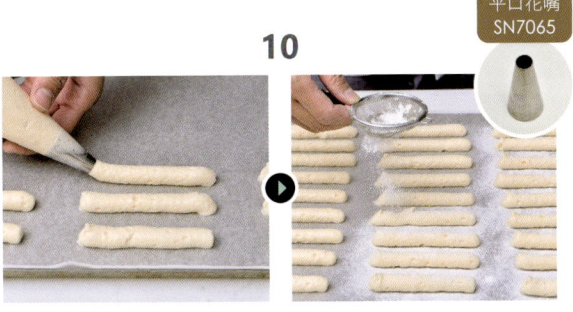

10 將麵糊裝入擠花袋（平口花嘴），擠6cm的長條狀，在上方篩撒一層糖粉，稍靜置後，再篩撒一次糖粉。

平口花嘴 SN7065

11 放入烤箱，以上火200℃／下火180℃烘烤約10～12分鐘，取出，放涼。

馬士卡邦醬汁

12 馬士卡邦起司、細砂糖打軟，分次加入鮮奶油、鮮奶混合攪拌均勻即可。

組合完工

13 準備好容器。將手指蛋糕浸泡抹茶糖漿，待其吸附後，鋪放容器的底部，再擠入馬士卡邦慕斯，抹平。

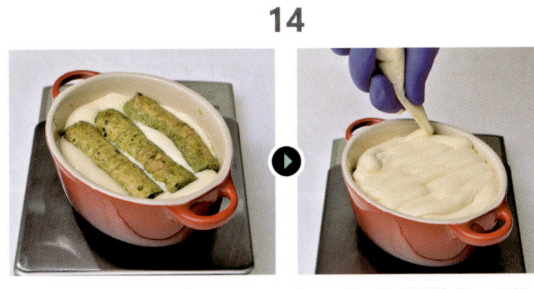

14 再重複操作一次。放入浸泡抹茶糖漿的手指蛋糕，擠入馬士卡邦慕斯，抹平表面，放冷藏使其凝固。

15 從冷藏取出，篩撒上糖粉、抹茶粉。

16 佐以馬士卡邦醬汁食用。

Tea 4　茶香果香豐盈的特色甜點

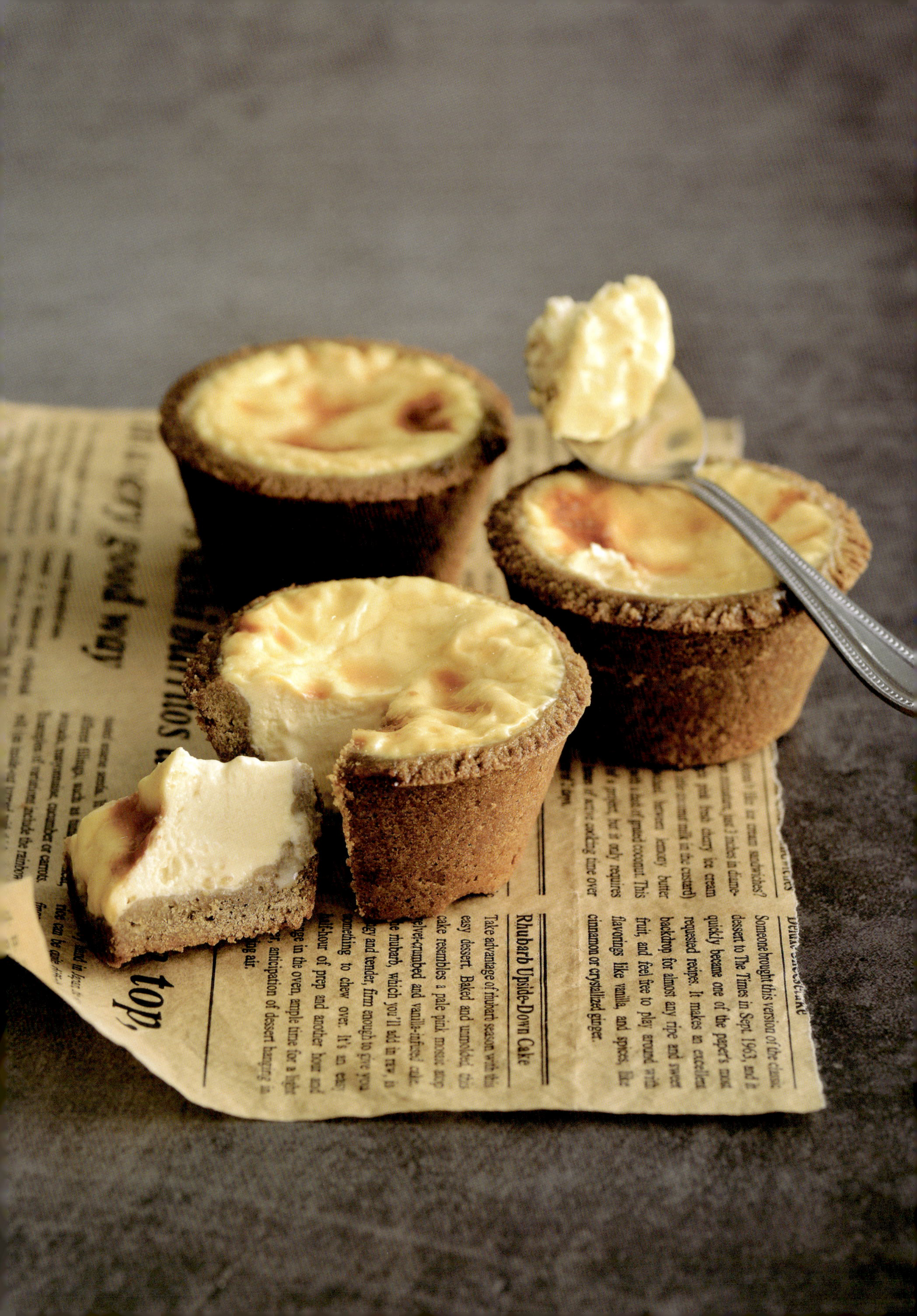
Rhubarb Upside-Down Cake

PUDDING TART

焙茶蕎麥布丁塔

蕎麥布丁液帶有濃厚的香氣，濃稠、風味豐富，
與同樣具有獨特香氣的焙茶塔皮十分的合拍，展現平衡的香氣與口感。
酥脆與柔嫩的口感之間滿溢香氣，清香不甜膩，茶香餘韻令人回味。

焙茶塔皮　　　　　　　　　　　　　　蕎麥布丁液

DATA

- **醇厚度** ── 輕淡　　　　　　　濃厚
- **口　感** ── 硬脆｜**酥脆**｜蓬鬆｜**濕潤**｜**豐厚紮實**
- **香　氣** ── 清新　　　　　　　濃厚

Tea 4　茶香果香豐盈的特色甜點

INGREDIENTS ｜ 材料 ｜　　　份量／約10個

焙茶塔皮

無鹽奶油…150g
糖粉…95g
全蛋…48g
Ⓐ｜杏仁粉…35g
　｜低筋麵粉…250g
　｜泡打粉…1g
焙茶茶粉…9g

蕎麥布丁液

動物鮮奶油…250g
Ⓑ｜鮮奶…200g
　｜細砂糖…40g
　｜香草莢醬…2.5g
蛋黃…50g
烤過蕎麥…25g

— 211 —

METHODS ｜ 作法 ｜

使用模型

01

小蛋糕模SN6024。

焙茶塔皮

02

將奶油、糖粉放入攪拌缸，以中速攪拌至呈現乳霜狀。

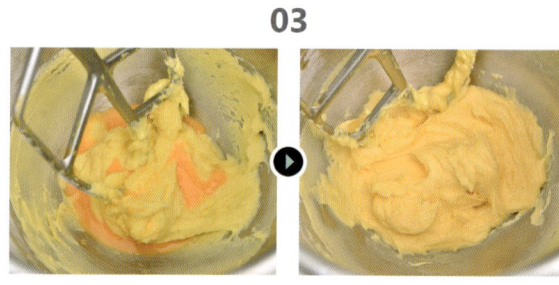

03

分次加入全蛋攪拌至完全吸收融合。

04

加入焙茶茶粉混合攪拌均勻。

05

接著加入過篩的材料Ⓐ攪拌均勻至無粉粒。

06

將麵團用塑膠袋包覆，稍拍扁整型，冷藏靜置隔夜。

07

從冷藏取出麵團，稍搓揉均勻，分割成35g，搓揉壓扁，鋪放入布丁塔模裡，按壓底部，使麵團緊貼塔模，並用竹籤戳孔排除空氣。

08

沿著模邊按壓使麵團與模邊貼合。

— 212 —

PUDDING TART

09 切除多餘的部分塑型，覆蓋保鮮膜，冷藏鬆弛。

🍃 塑型時要讓麵團與模型緊密貼合，呈直角的確實按壓，使麵皮能貼合模型底部和側邊角；若沒確實的按壓，烘烤後就容易產生破損或烤不熟的情形。

蕎麥布丁液

10 將蕎麥放烤盤裡，攤開，用噴火槍稍微炙烤過，帶出焦香味。

11 將材料Ⓑ放入鍋裡加熱煮至60℃。

12 接著，加入作法⑩，離火，覆蓋保鮮膜，浸泡20分鐘，萃取香氣。

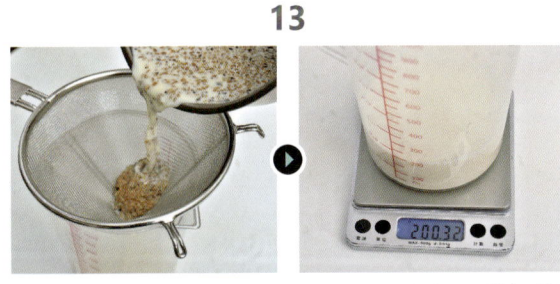

13 用篩網過濾出蕎麥，重新加入鮮奶（份量外）使重量達到200g（經過加熱萃取後，份量會減少，要再加回鮮奶補足重量）。

組合完工

14 將作法⑬沖入打散的蛋黃中混合拌勻，再加入冰鮮奶油拌勻，覆蓋保鮮膜，冷藏靜置隔夜。

15 將鬆弛好的塔皮中倒入蕎麥布丁液（約50g），放入烤箱，以上火230℃／下火210℃，烘烤約25分鐘即可。

Tea 4　茶香果香豐盈的特色甜點

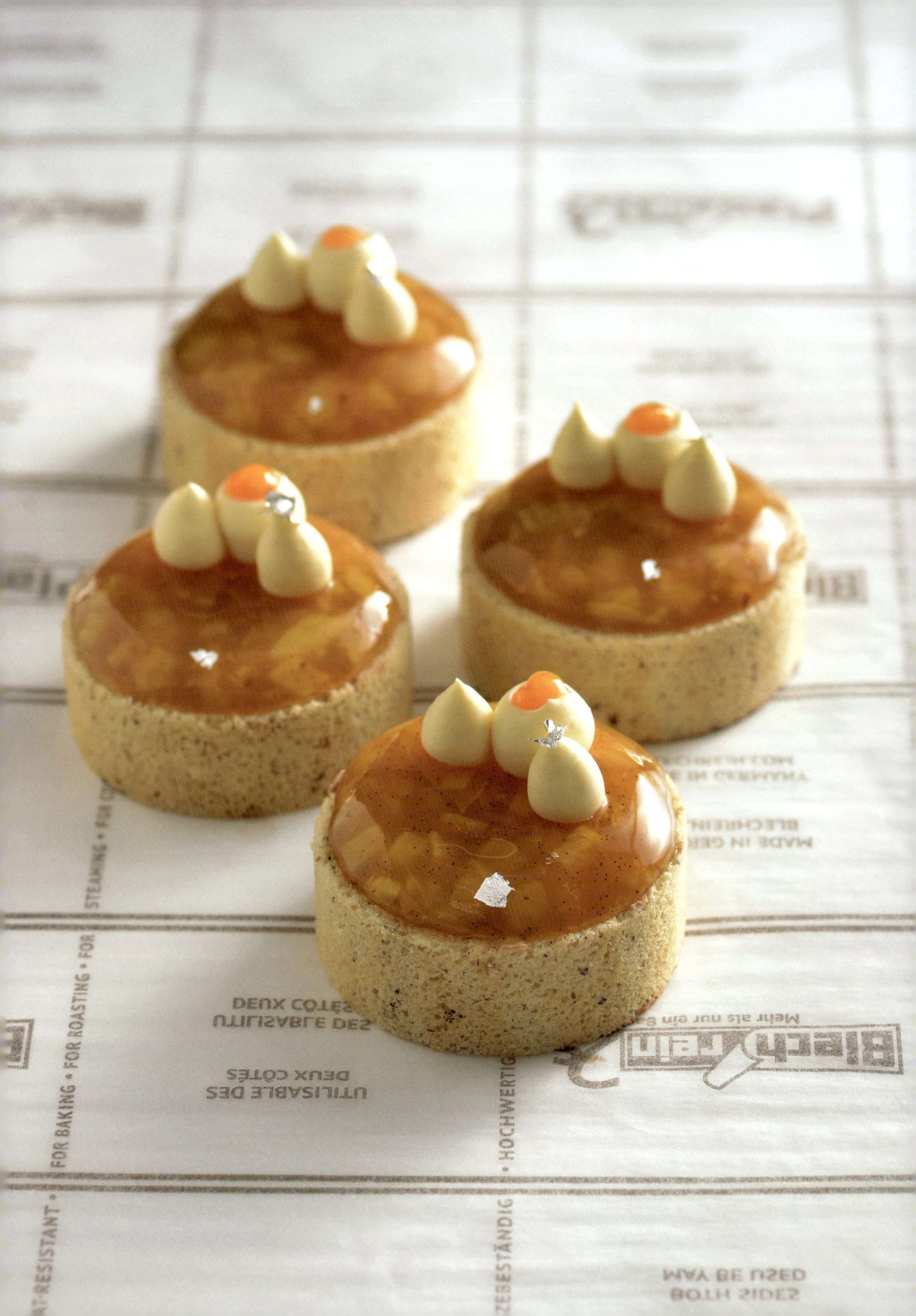

MOUSSE CAKE

熱帶島國

酥脆的榛果脆餅和濕潤的榛果蛋糕體,交織出奢華迷人的口感滋味。

標註(左側):
- 百香果打發甘納許
- 牛奶巧克力慕斯
- 茉莉茶香奶餡

標註(右側):
- 焦糖熱帶水果粒醬
- 榛果蛋糕
- 榛果脆餅

DATA

- **醇厚度** —— 輕淡 ▨▨▨▨☐ 濃厚
- **口　感** —— 硬脆｜酥脆｜蓬鬆｜**濕潤**｜豐厚紮實
- **香　氣** —— 清新 ▨▨▨☐☐ 濃厚

Tea 4　茶香果香豐盈的特色甜點

INGREDIENTS ｜ 材料 ｜　　份量／約10個

焦糖熱帶水果粒醬

葡萄糖漿…30g
細砂糖…60g
A｜ 芒果泥…70g
　　百香果泥…50g
　　檸檬果泥…10g
　　香草棒…1/2支
B｜ 細砂糖…13.5g
　　NH果膠粉…5g
新鮮鳳梨…160g
吉利丁凍…11.2g
茉莉茶包…8g
熱水…8g

榛果蛋糕

C｜ 全蛋…180g
　　糖粉…80g
　　帶皮榛果粉…100g
D｜ 蛋白…130g
　　細砂糖…50g
低筋麵粉…30g
無鹽奶油…20g ▶ 融化

牛奶巧克力慕斯

鮮奶…20g
動物鮮奶油…20g
蛋黃…10g
細砂糖…10.5g

茉莉茶香奶餡

茉莉花茶…6g
熱水…6g
鮮奶…70g
鮮奶油…70g
蛋黃…28g
細砂糖…14g
吉利丁凍…10g

40%牛奶巧克力…87g
吉利丁凍…15g
打發動物鮮奶油…144g

榛果脆餅

有鹽奶油…115g
帶皮榛果粉…35g
糖粉…35g
全蛋…15g
T55法國麵粉…110g
鹽…1.5g

百香果打發甘納許

百香果果泥…37.5g
吉利丁凍…8.8g
34%白巧克力…45g
動物鮮奶油…165g ▶ 冷藏

METHODS ｜ 作法 ｜

使用模型

01 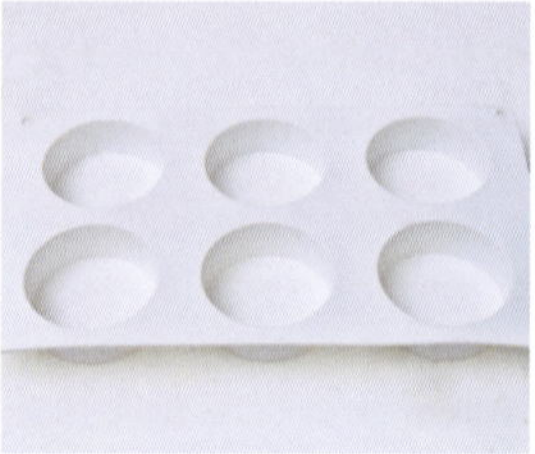
圓形矽膠模直徑7×高2.5cm—外層。

02 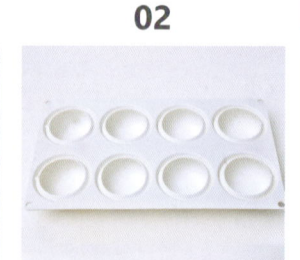
圓形矽膠模SF163—內餡。

焦糖熱帶水果粒醬

03 
茉莉茶包、熱水放入鍋裡浸泡5分鐘，再加入材料Ⓐ煮至沸騰，過濾出茶包及香草棒。

04 
另將葡萄糖漿、細砂糖放入鍋中熬煮至焦糖化。

05 
將作法④倒進作法③中混合拌勻，加入鳳梨丁拌煮至熟透，加入事先混勻的材料Ⓑ拌煮約1～2分鐘，離火，加入吉利丁凍拌至融化。

06 
灌入圓形矽膠模（約30g），放冷凍定型。

榛果蛋糕

07 
使用模型。烤盤60×40cm鋪好烘焙紙。

08 
將材料Ⓒ放入鋼盆，邊隔水加熱邊攪拌至40℃，打發至蓬鬆泛白。

\ Texture / 
→攪拌到這種狀態

MOUSSE CAKE

09 將材料D放入攪拌缸,以高速攪拌打至呈勾角挺立的狀態。

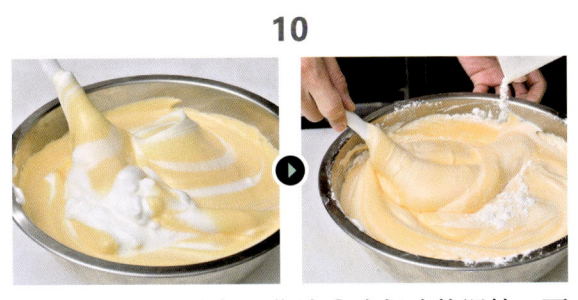

10 將1/3的作法⑨先加入作法⑧中粗略的混拌,再倒回剩餘作法⑨中混合拌勻,加入低筋麵粉輕混拌勻,最後加入融化奶油拌勻。

11 將麵糊倒入鋪烤好烘焙紙的烤盤,用刮板抹平,用旋風烤箱,以180℃烘烤10分鐘。

茉莉茶香奶餡

12 熱水浸潤茉莉花茶包。將鮮奶、鮮奶油煮沸,倒進茉莉花茶液浸泡10分鐘,濾出茶包。

13 蛋黃、細砂糖攪拌打散,沖入作法⑫混合拌勻,回煮至82～85℃,加入吉利丁凍拌融,用均質機均質至滑順。

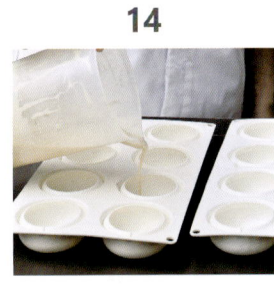

14 將作法⑬倒入圓形矽膠模型中(約15g),冷凍。

榛果脆餅

15 將所有材料放入攪拌缸,以低速攪拌均勻成團。擀壓成厚度2.5mm,用直徑5cm圓形切模壓切成圓片,呈間距排放烤盤上。放入烤箱,以上下火150℃烘烤15分鐘,放涼備用。

牛奶巧克力慕斯

16 蛋黃、細砂糖攪拌均勻至泛白。

Tea 4 茶香果香豐盈的特色甜點

17

鮮奶、鮮奶油放入鍋裡煮沸,沖入作法⑯中混合拌勻,回煮至82～85℃,離火,加入吉利丁凍拌融。沖入到40%牛奶巧克力中稍靜置,用均質機攪打至乳化滑順。

18

將作法⑰的底部隔著冰水使其降溫至32℃,加入打發鮮奶油輕混拌勻。

百香果打發甘納許

19

百香果泥加熱煮沸,加入吉利丁凍拌勻,倒進白巧克力中稍靜置融解後,用均質機均質至乳化滑順。加入冷藏鮮奶油均質至滑順,用保鮮膜緊貼表面,放冷藏靜置至隔夜備用。

組合完工

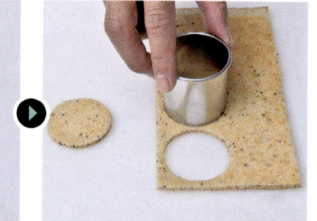

20

將榛果蛋糕裁切成20cm×2.5cm長條片,用直徑5cm圓形模框壓出厚度2.5cm圓形片(約10個)。

21

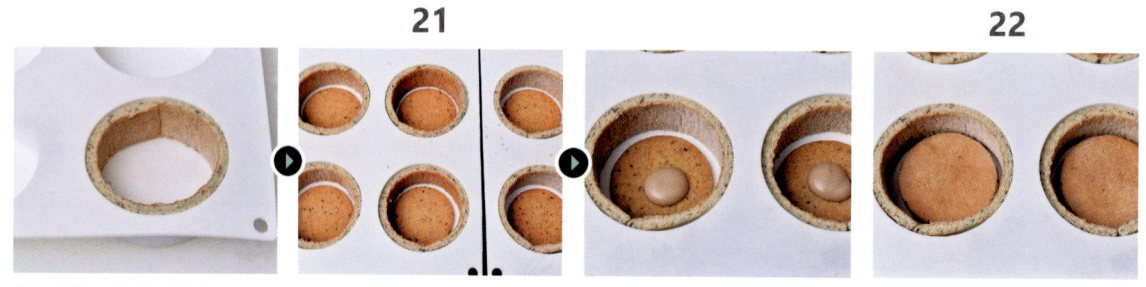

將長條蛋糕片鋪放矽膠模的周圍圍邊,底部鋪放上榛果脆餅,表面擠入少許牛奶巧克力慕斯。

22

鋪放上圓形蛋糕片。

MOUSSE CAKE

23 擠入牛奶巧克力慕斯（約25g）。

24 壓入茉莉花茶奶餡，表面再擠入牛奶巧克力慕斯、抹平，冷凍使其凝固。

25 焦糖熱帶水果果粒醬，脫模，放在架高的網架上，淋上果膠、抹平。

26 用竹籤插入固定，用L型抹刀托底部，移置作法㉔的頂部。

27 將百香果甘納許打發，用擠花袋（平口花嘴）在周圍擠花裝飾。

平口花嘴 SN7065

28 用挖球器壓出半圓凹槽。

29 在凹槽處，填入百香芒果果醬（參見P.66）即可。

30 完成熱帶島國。

Tea 4　茶香果香豐盈的特色甜點

— 219 —

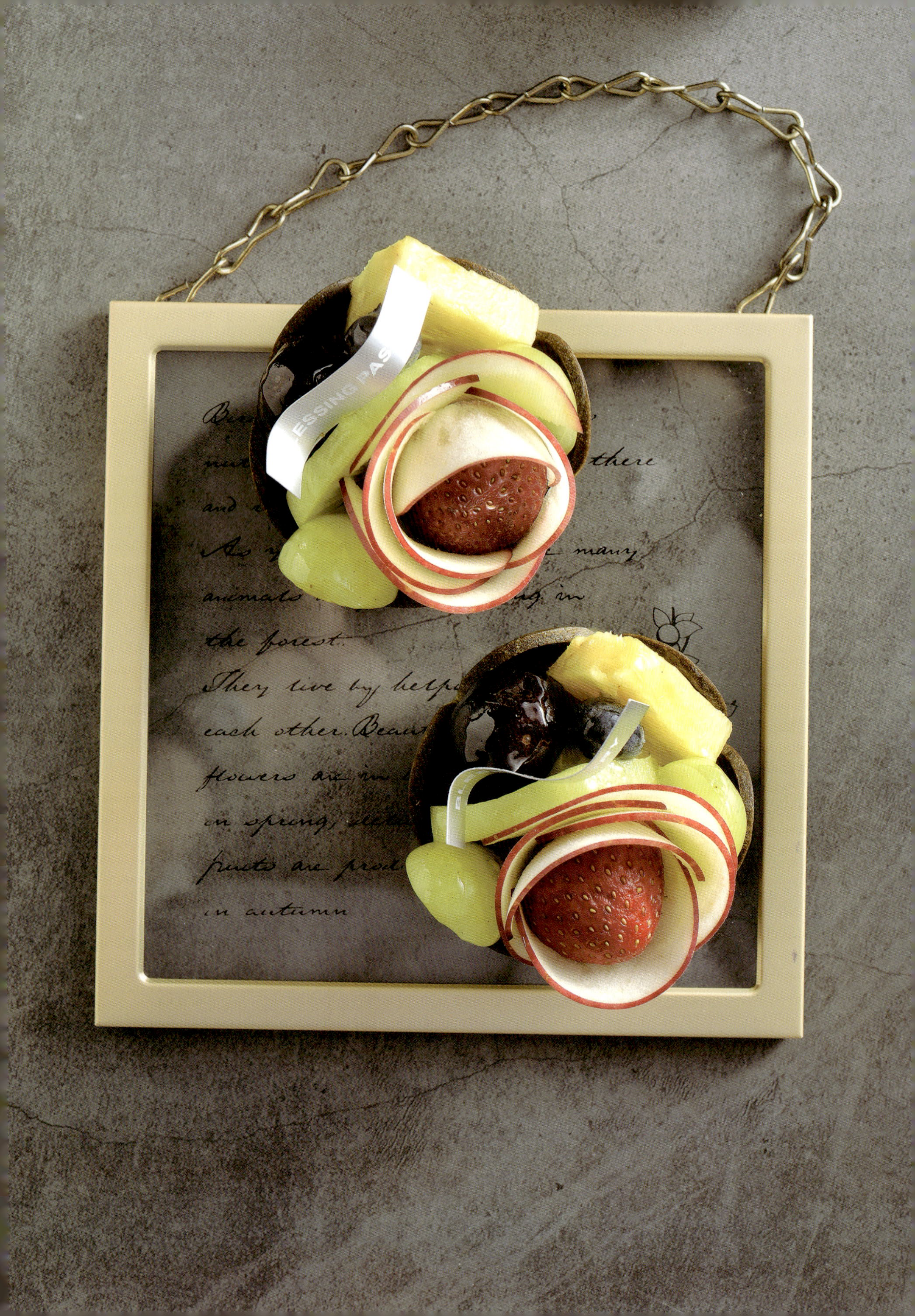
the forest.
in autumn

FRUIT TART

水果塔

茶香風味的塔皮,填滿杏仁卡士達餡;綿密而濃郁的塔餡,
搭配開心果卡士達、新鮮水果,以及運用蘋果薄片呈現的蘋果花,
展現驚喜與華麗,釋放充滿層感的滋味與香氣。

開心果卡士達
四季春塔皮
綜合水果
杏仁卡士達餡

DATA

- **醇厚度** —— 輕淡 ■■□□□ 濃厚
- **口　感** —— 硬脆 | 酥脆 | 蓬鬆 | **濕潤** | 豐厚紮實
- **香　氣** —— 清新 ■■□□□ 濃厚

Tea 4　茶香果香豐盈的特色甜點

INGREDIENTS　|　材料　|　　份量／約20個

四季春塔皮	杏仁卡士達餡	開心果卡士達	表面用
無鹽奶油…150g	無鹽奶油…75g	卡士達(P.35)…200g	草莓…適量
糖粉…105g	糖粉…75g	開心果醬…20g	藍莓…適量
杏仁粉…30g	全蛋…60g		葡萄…適量
鹽…1g	杏仁粉…75g	**蘋果花片**	蘋果…適量
T55法國麵粉…215g	卡士達(P.35)…70g		鳳梨…適量
四季春茶粉…30g		水…200g	鏡面果膠…適量
全蛋…60g		海藻糖…20g	
		蘋果…1個	

METHODS ｜ 作法 ｜

使用模型

01 花形模框。

🏷 也可以使用DS2260065。

四季春塔皮

02 塔皮的製作參見「基礎塔皮」的製作P.142作法1-6。

03 麵團擀壓成厚2.5mm的片狀，用直徑9.5cm6瓣花形模框壓切花形片。

04 將圓形矽膠模倒扣（底部朝上），鋪放上花形塔皮。

05 沿著模型輕壓大略塑型，讓塔皮緊貼模型，用竹籤在表面戳孔洞。

06 放入烤箱，以上火150℃／下火150℃烘烤15分鐘至半熟，放涼。

杏仁卡士達餡

07 杏仁卡士達餡的製作參見P.36作法1-4完成杏仁奶油的製作，再加入卡士達混合拌勻即可。

開心果卡士達

08 卡士達餡的製作參見P.35。將卡士達餡打軟，加入開心果醬混合拌勻即可。

組合完工

09 在烤至半熟的塔皮裡，擠入杏仁卡士達（約15g），放入烤箱，以150℃烘烤約25分鐘，脫除圓框，放冷卻。

10 用擠花袋（平口花嘴）在表面擠入開心果卡士達（約10g）。

平口花嘴7066

11 擺放上綜合水果，薄刷鏡面果膠即可（蘋果切半圓薄片，浸泡糖水後使用）。

— 222 —

COLUMN

美味的手工鳳梨醬

鳳梨帶有清新的酸甜香氣，常被用來製作果醬或內餡。運用於各式甜點中，
不僅能平衡甜點的甜味，還能增加風味的尾韻，提升豐富層次。

01 蜜漬鳳梨

適用：表面裝飾、內餡

材料

鳳梨（切條）⋯250g
海藻糖⋯12.5g
細砂糖⋯25g
NH果膠粉⋯2.5g

作法

鳳梨削除外皮，去除果芯，切成條狀。果膠粉與糖混合均勻。將鳳梨條與混勻的果膠粉、糖放入鍋中，小火拌炒1～2分鐘至軟化、收汁。

02 糖炒鳳梨

適用：表面裝飾、內餡

材料

鳳梨⋯600g
▶去皮切棒狀
無鹽奶油⋯25g
肉桂棒⋯1支
香草棒⋯1支
海藻糖⋯50g

作法

奶油加熱融化，放入肉桂棒、香草棒炒出香氣。加入鳳梨丁、海藻糖拌炒至軟化入味，覆蓋保鮮膜，冷藏靜置一晚使其入味。

03 蜜漬鳳梨乾

適用：內餡

材料

鳳梨乾⋯100g
鳳梨酒⋯25g

作法

將鳳梨乾切小塊，加入鳳梨酒浸泡至吸收入味即可。

Tea 4　茶香果香豐盈的特色甜點

— 223 —

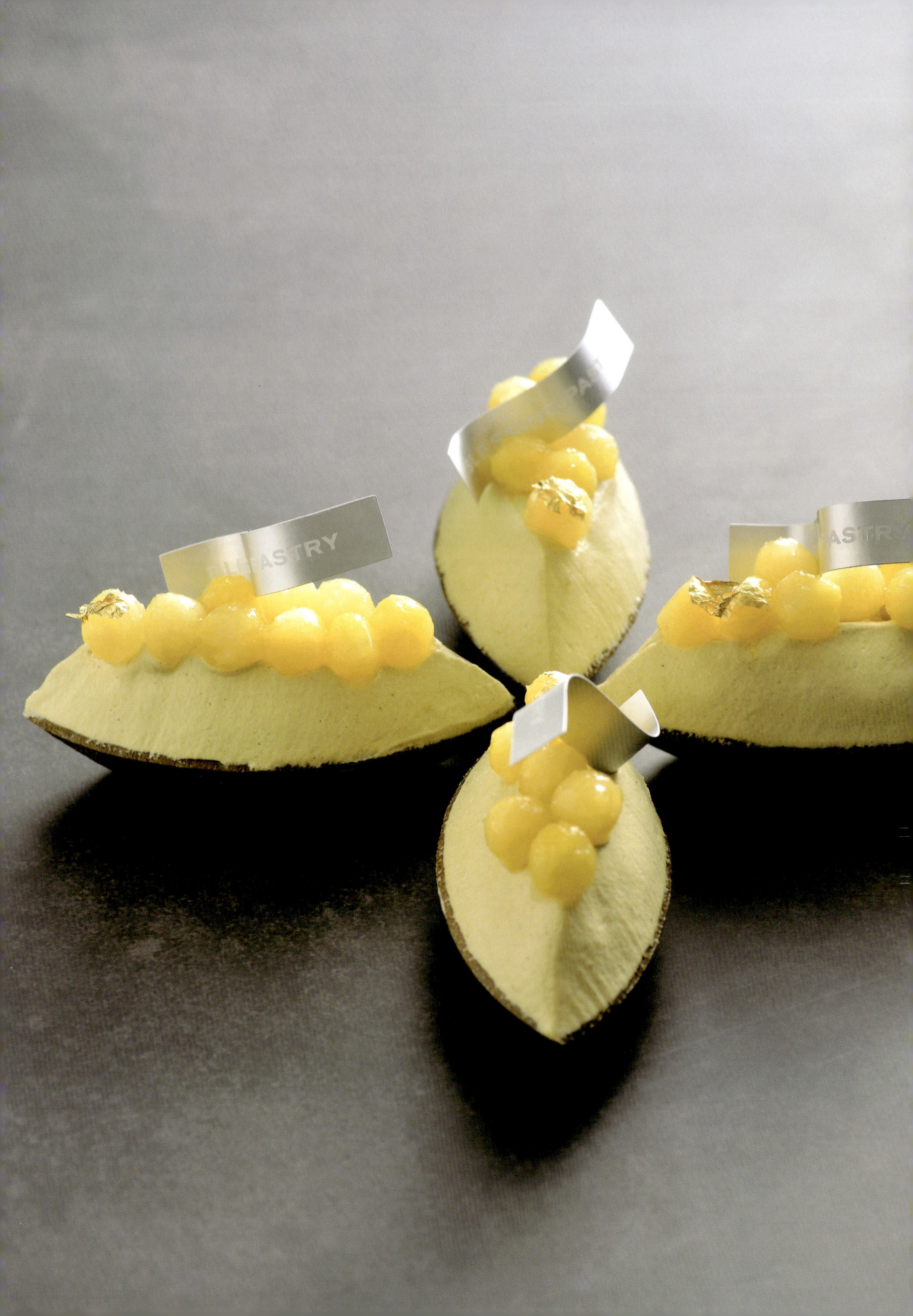
PASTRY

MOUSSE TART

春 漾

從金萱風味的塔皮、杏仁奶油、香緹,到鳳梨芒果凍的柔軟甜香,
新鮮鳳梨的酸甜氣息,在小巧甜塔裡,嘗得到層出不窮的味蕾驚喜。
頂層以新鮮鳳梨妝點,同時提升口感和視覺的豐富層次。

金萱茶香緹
金萱茶杏仁奶油

金箔、新鮮鳳梨
鳳梨芒果凍
金萱茶塔皮

DATA

- **醇厚度** ── 輕淡 ▓▓▓░░░ 濃厚
- **口　感** ── 硬脆｜**酥脆**｜蓬鬆｜**濕潤**｜豐厚紮實
- **香　氣** ── 清新 ▓▓░░░ 濃厚

Tea 4　茶香果香豐盈的特色甜點

INGREDIENTS ｜ 材料 ｜　　　　份量／約10個

金萱茶塔皮

無鹽奶油…112.5g
糖粉…79g
杏仁粉…22.5g
鹽…0.8g
T55法國麵粉…187.5g
金萱茶粉…12.5g
全蛋…45g

金萱茶杏仁奶油

無鹽奶油…50g
糖粉…50g
杏仁粉…50g
全蛋…40g
金萱茶粉…4g
卡士達(P.35)…25g

鳳梨芒果凍

Ⓐ｜鳳梨丁…135g
　｜芒果丁…90g
　｜蜂蜜…11.3g
　｜香草棒…1/4支
芒果泥…33.8g
Ⓑ｜細砂糖…14g
　｜NH果膠粉…3.6g

金萱茶香緹

動物鮮奶油…50g
吉利丁凍…8g
Ⓒ｜細砂糖…30g
　｜金萱茶粉…6g
動物鮮奶油…320g
▶冷藏

表面用

新鮮鳳梨…適量

— 225 —

METHODS ｜ 作法 ｜

使用模型

01 舟形塔模。

02 葉形模框。

金萱茶塔皮

03 塔皮的製作參見「基礎塔皮」的製作P.142作法1-6。

04 將麵團擀壓成厚度2mm的片狀，用直徑8cm的葉形模框壓切葉形片。

05 將葉形片鋪放入塔模中，沿著塔模按壓塑型，讓塔皮緊貼塔模，並切除多餘的部分。

06 用竹籤在塔皮底部戳上小孔洞。

金萱茶杏仁奶油

07 金萱茶杏仁奶油餡的製作參見P.36作法1-4。

08 將金萱茶杏仁奶油裝入擠花袋，擠入塔殼裡（約15g）。

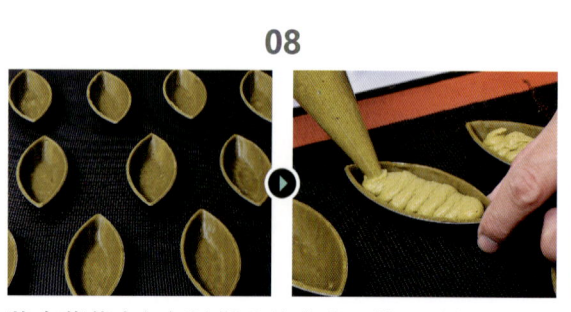

09 放入烤箱，以上下火150℃烘烤25分鐘。

鳳梨芒果凍

10 將材料Ⓐ放入鍋中拌炒熟軟。

— 226 —

MOUSSE TART

金萱茶香緹

11 加入芒果泥熬煮至40℃。

12 加入事先混合均勻的細砂糖、NH果膠粉拌煮，至再次沸騰，覆蓋保鮮膜，冷藏備用。

13 將鮮奶油倒入鍋中以小火加熱至70℃，加入吉利丁凍拌勻，再加入混合拌勻的材料ⓒ攪勻。

14 最後加入冷藏的鮮奶油均質至光滑細緻，用保鮮膜緊貼表面，冷藏靜置隔夜使用（**或至少冷藏1小時後使用**）。

組合完工

15 在烤好的塔皮上，擠入鳳梨芒果凍（約25g）。

16 再擠入金萱茶香緹（約25g），用抹刀塑型兩側。

17 放上挖成球狀的新鮮鳳梨即可。

18 成品（表面的新鮮鳳梨也可以用糖炒鳳梨來代替）。

Tea 4　茶香果香豐盈的特色甜點

TOPPING

糖炒鳳梨*

○ **材料**：鳳梨 600g、無鹽奶油25g、肉桂棒1支、香草棒1支、海藻糖50g

○ **作法**：將鳳梨去皮切成細棒狀。奶油加熱融化，放入肉桂棒、香草棒炒出香氣，加入鳳梨、海藻糖拌炒至軟化入味，覆蓋保鮮膜，冷藏靜置一晚使其入味。

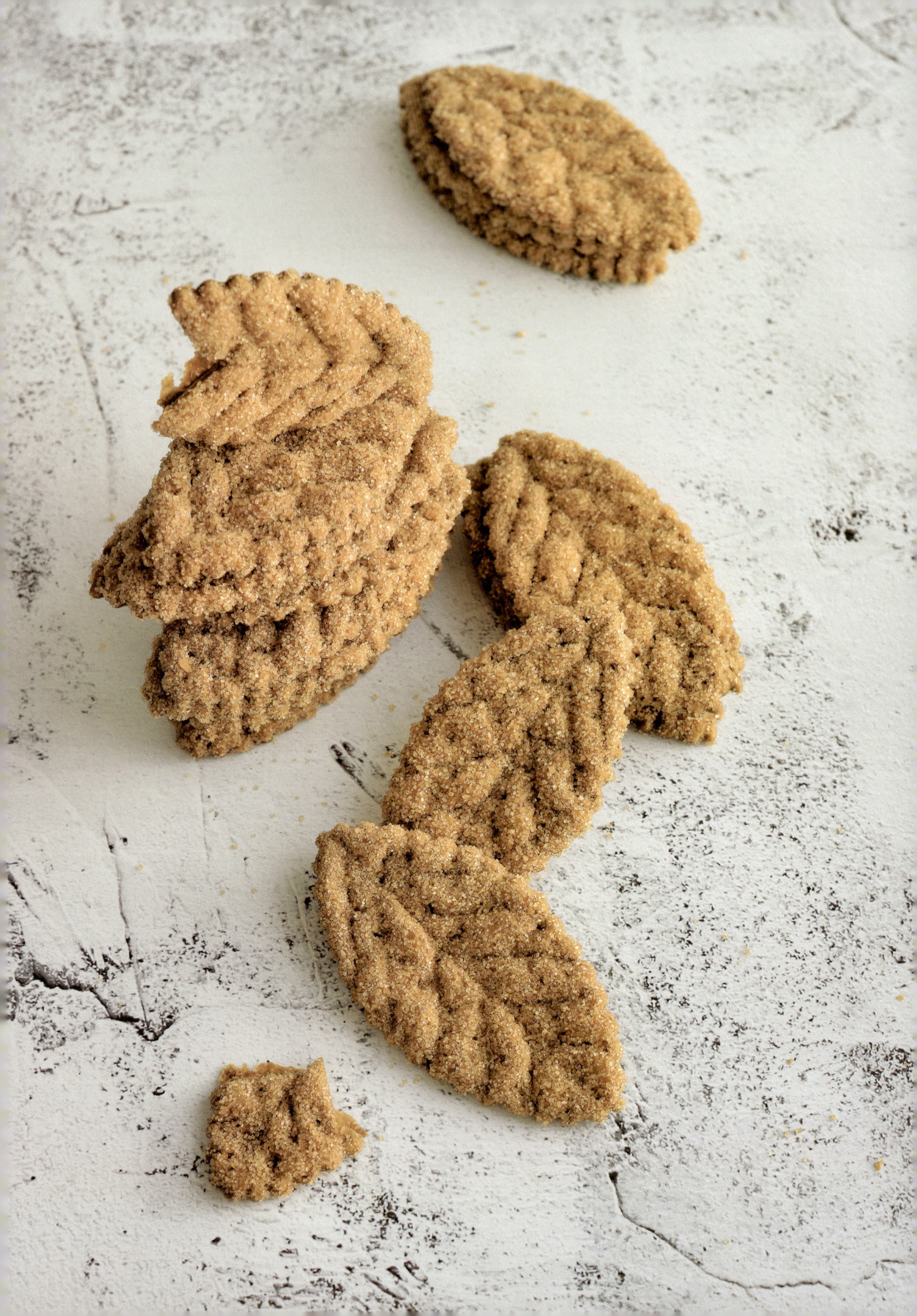

MILLE-FEUILLE
凍頂烏龍葉子派

在葉子造型的千層派皮上，撒上細砂糖，烘烤後會形成金黃酥脆的口感，
還有奶油與清新茶香。尤其是美麗的葉脈紋路上，
用來增加口感和甜度的砂糖，閃耀著光澤，與派皮馥郁的香氣交織出迷人的滋味。

細二砂糖　　　　　　　　　　　　凍頂烏龍派皮

DATA
- **醇厚度** ── 輕淡 ▓▓▓ 濃厚
- **口　感** ── 硬脆｜**酥脆**｜**蓬鬆**｜濕潤｜豐厚紮實
- **香　氣** ── 清新 ▓▓ 濃厚

Tea 4　茶香果香豐盈的特色甜點

INGREDIENTS ｜ 材料 ｜　份量／約40個

凍頂烏龍派皮

中筋麵粉…245g
凍頂烏龍茶粉…5g
無鹽奶油…175g
▶ 切小塊狀，冷凍

水…119g
鹽…3g
細砂糖…19g
細二砂糖…適量
▶ 表面用

表面用

細二砂糖…適量

METHODS ｜ 作法 ｜

使用模型

01 葉形壓切模。

凍頂烏龍派皮

02 水、鹽、細砂糖用打蛋器混合拌勻。

03 中筋麵粉、凍頂烏龍茶粉、冷凍奶油丁放入攪拌缸中。

04 一邊加入作法②、一邊以中速混合攪拌成團（麵團裡刻意保有奶油塊）。

\ Texture / 
→攪拌到這種狀態

05 取出麵團用塑膠袋包覆，稍拍壓扁，用擀麵棍擀壓平，整理成方塊狀，放冷藏一晚。

\ Texture / 
→完成狀態

🍃 過度攪拌會因麵粉出筋而變得黏稠不好擀壓。

06 將麵團擀壓成厚度約7mm。

07 將左右兩側1/4的麵團往中間折，用擀麵棍擀壓平整，再對折，折成四折（四折1次）。

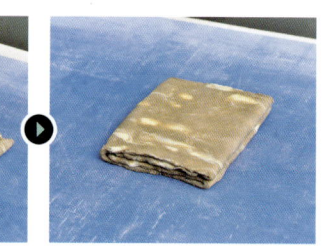

MILLE-FEUILLE

08

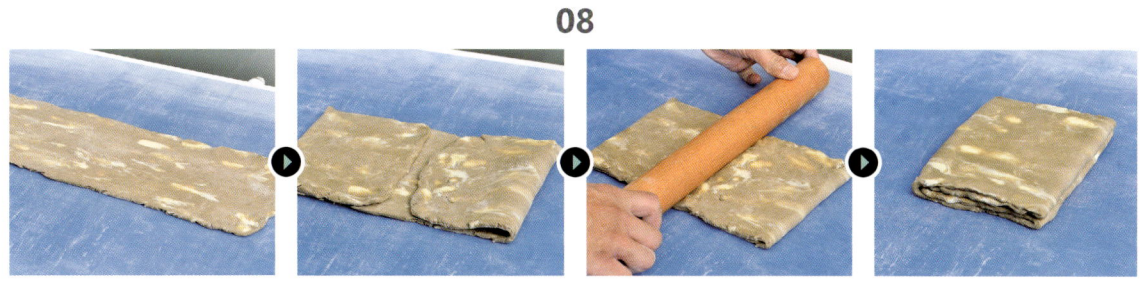

將作法⑦延壓擀平。將左右兩側1/4的麵團往中間折，用擀麵棍擀壓平整，再對折，折成四折（四折2次）。用塑膠袋包覆好，放冷藏鬆弛1小時。

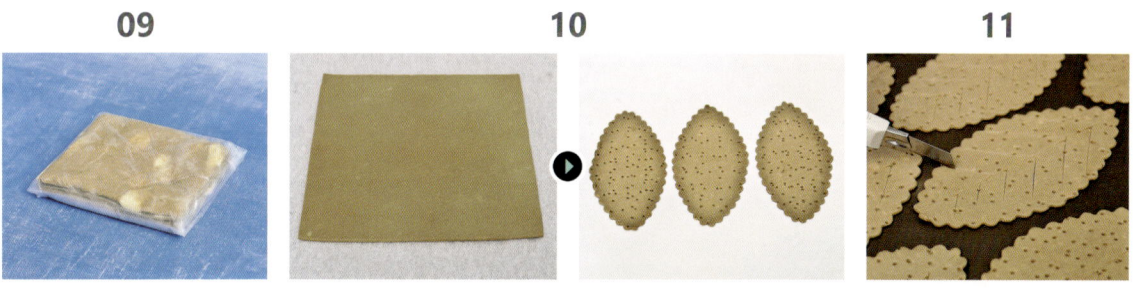

09

再重複操作四折2次（共四折4次），將麵團用塑膠袋包覆好，放冷藏鬆弛1小時。

10

將麵團擀壓延展成厚度1.5mm的片狀，用針車輪在表面平均的打出孔洞，用葉形壓模壓切成型，呈間距排放烤盤上。

11

用小刀的刀尖處刻劃出葉脈紋路。

12

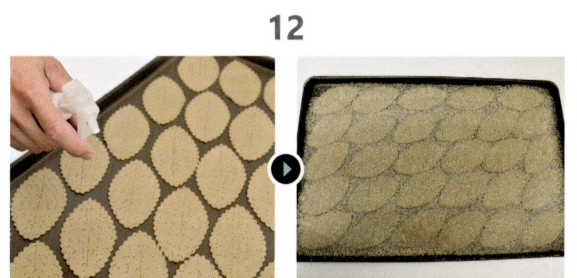

用噴霧器在表面噴上水霧，沾裹細二砂糖。

13

用旋風烤箱，以150℃烘烤約30分鐘。

茶香果香豐盈的特色甜點

Tea 4

— 231 —

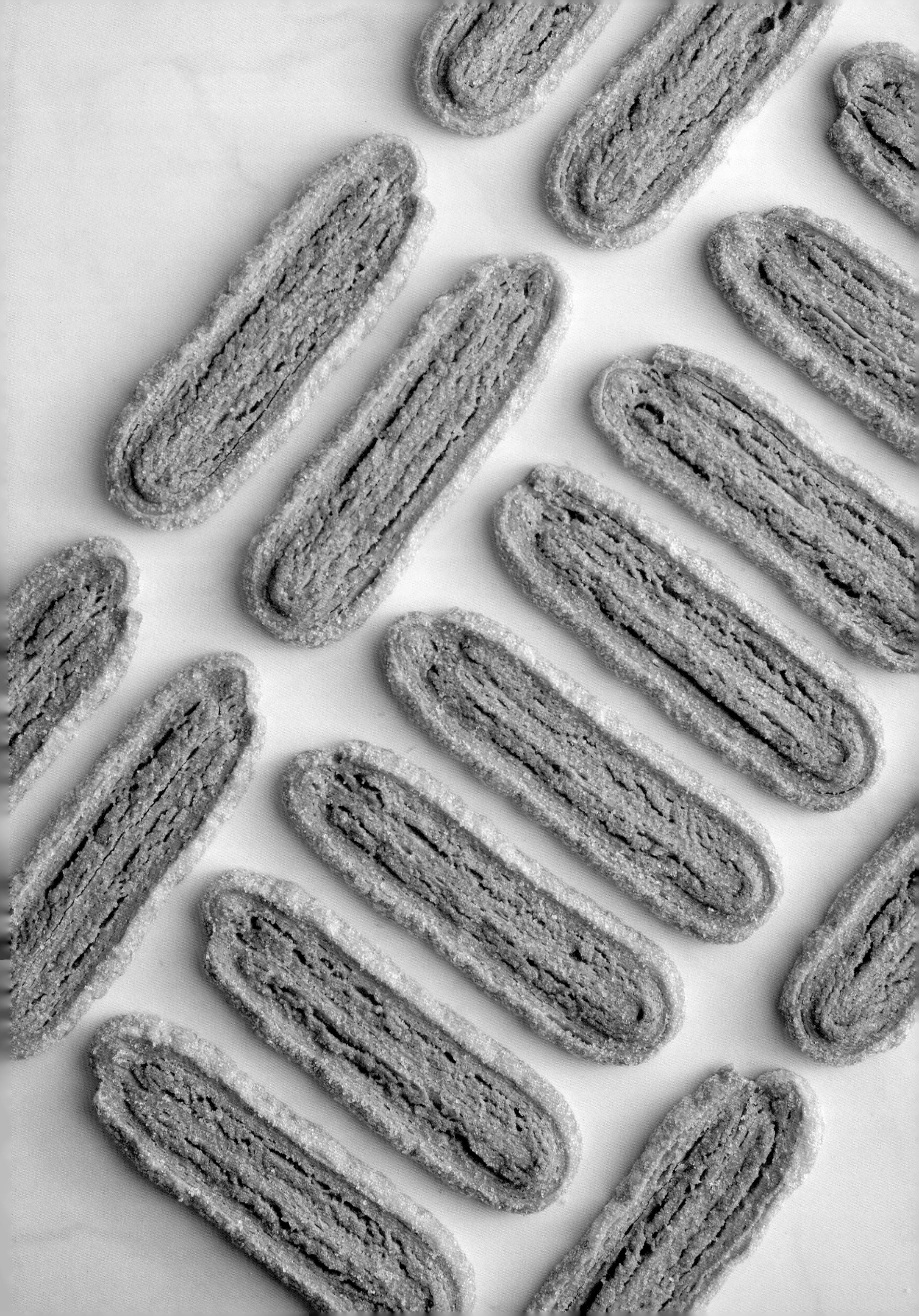

MILLE-FEUILLE

阿里山高山茶派

多次擀壓折疊的麵皮包覆香氣迷人的高山茶餡，茶餡與派皮之間，形成美麗的堆疊紋理。
多層次的派皮與濃郁的茶餡層疊，可享受到獨特的風味口感。
表層晶瑩顆粒的細砂，提升整體的香氣與酥脆感。

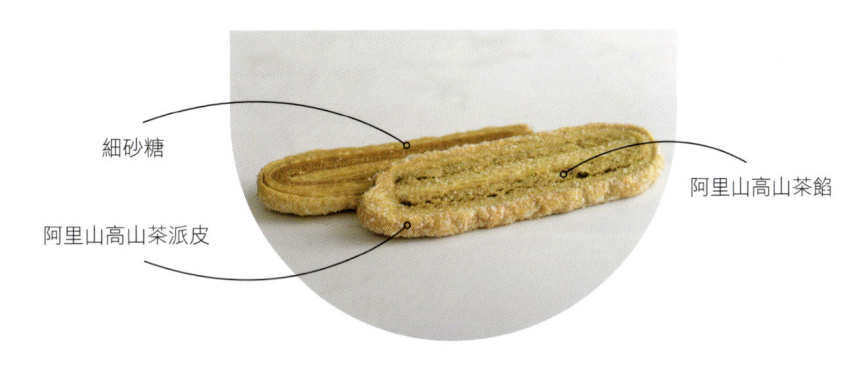

細砂糖
阿里山高山茶派皮
阿里山高山茶餡

DATA

- 醇厚度 —— 輕淡　　　　　　　　濃厚
- 口　感 —— 硬脆｜**酥脆**｜**蓬鬆**｜濕潤｜豐厚紮實
- 香　氣 —— 清新　　　　　　　　濃厚

Tea 4

茶香果香豐盈的特色甜點

INGREDIENTS ｜ 材料 ｜

份量／約40個

阿里山高山茶派皮

中筋麵粉…245g
阿里山高山茶粉…5g
無鹽奶油…175g
▶ 切小塊狀，冷凍
水…119g
鹽…3g
細砂糖…19g

阿里山高山茶餡

Ⓐ　無鹽奶油…40g
　　糖粉…40g
　　阿里山高山茶粉…4g
　　蛋白…8g
　　杏仁粉…24g
　　T55法國麵粉…34g

表面用

細砂糖…適量

— 233 —

METHODS ｜ 作法 ｜

阿里山高山茶餡

01 將所有材料Ⓐ放入鋼盆，用橡皮刮刀壓拌混合均勻至無粉粒。

02 將壓好拌的茶餡，延壓成厚度2.5mm，裁切成22×20cm，用塑膠袋包覆放冷凍備用。

阿里山高山茶派皮

03 水、鹽、細砂糖用打蛋器混合拌勻。

04 將中筋麵粉、阿里山高山茶粉、冷凍奶油丁放入攪拌缸中。

05 一邊加入作法③、一邊以中速混合攪拌成團（**麵團裡刻意保有奶油塊**）。

\ Texture / 
→攪拌到這種狀態
🍃 過度攪拌奶油融化會滲透到麵皮裡，經過擀折作業後就難以形成明顯的紋理層次。

06 取出麵團用塑膠袋包覆，拍壓扁整理成方塊狀。

07 放冰箱冷藏一晚。

08 將麵團擀壓成厚度約7mm。延壓折疊的製作參見「基礎快速派皮」P.187作法7～10，四折2次，冷藏鬆弛1小時。再重複操作四折2次後，將麵團用塑膠袋包覆好，放冷藏鬆弛1小時。

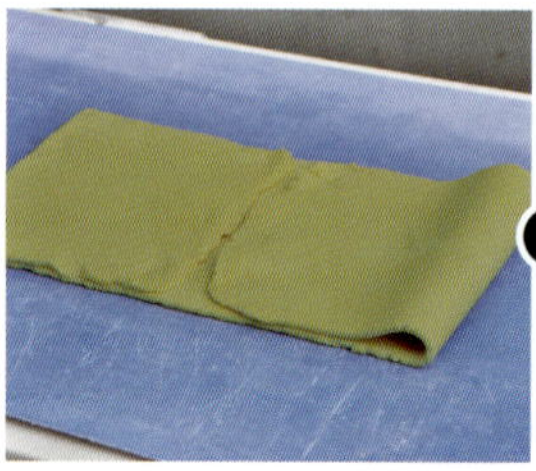

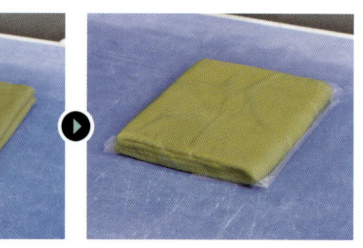

MILLE-FEUILLE

09
將麵團擀壓延展成厚度2.5mm的片狀,裁切成38×20cm,用塑膠袋包覆,放冷藏鬆弛1小時。在距離麵團側邊的1cm處,放上阿里山高山茶餡(另一側預留約1/3)。

10
再將左右兩側1/3的麵團往中間折,折成三折。

11 
用擀麵棍由上而下,平均施力的稍擀,使派餡與派皮緊密貼合。用塑膠袋包覆冷凍30分鐘。

12 
從冷凍取出麵團,裁切成寬1cm的條狀。

13 
並將兩面均勻的沾裹上細砂糖。

14 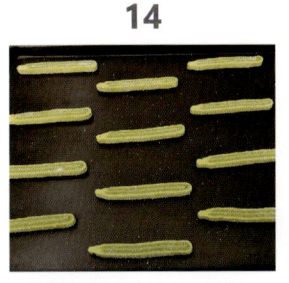
用旋風烤箱,以140℃烘烤約35~40分鐘。

15 
完成阿里山高山茶派。

🍃 為避免受潮影響口感,冷卻後應密封保存。

茶香果香豐盈的特色甜點 — Tea 4

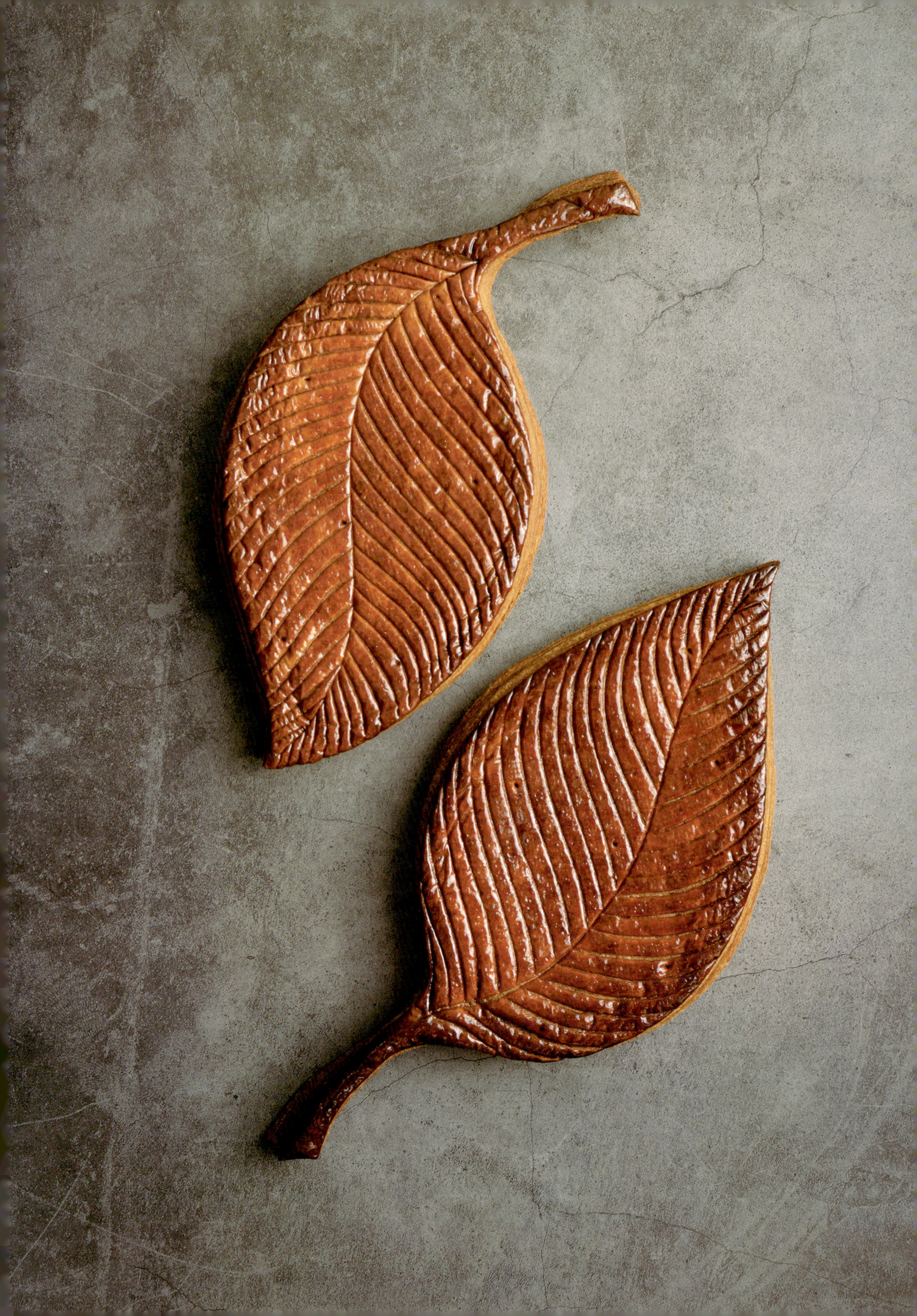

GALETTE DES ROIS

伯爵柑橘國王派

以層層香酥的伯爵茶千層派皮，鎖住茶香的優雅韻味；
內餡融合清新柑橘與濃郁杏仁奶油，帶來酸香與堅果香的完美平衡。
是冬日節慶獨特的法式經典新演繹。

反折千層派皮

柑橘杏仁奶油餡

DATA

- 醇厚度 —— 輕淡 ■■■■□ 濃厚
- 口　感 —— 硬脆 | **酥脆** | 蓬鬆 | **濕潤** | 豐厚紮實
- 香　氣 —— 清新 ■■■■□ 濃厚

Tea 4

茶香果香豐盈的特色甜點

INGREDIENTS | 材料 |　份量／8吋4個

反折千層派皮_油層

片狀奶油…750g
▶切小塊狀，冷藏
T55法國麵粉…300g
伯爵紅茶粉…10g

反折千層派皮_麵皮

Ⓐ｜片狀奶油…200g
　　▶切小塊狀，冷藏
　　低筋麵粉…290g
　　T55法國麵粉…400g
　　伯爵紅茶粉…10g
Ⓑ｜細砂糖…50g
　　鹽…15g
　　水…230g
　　醋…6g

柑橘杏仁奶油餡

無鹽奶油…130g
糖粉…130g
鹽…0.8g
全蛋…104g
60%杏仁膏…18g
Ⓒ｜杏仁粉…130g
　　T55法國麵粉…13g
Ⓓ｜香草莢醬…2.5g
　　香橙干邑白蘭地…9.5g
糖漬柑橘丁…110g

表面用_糖水

中雙糖…120g
水…100g
葡萄糖漿…15g

— 237 —

METHODS ｜ 作法 ｜

反折千層派皮

01

油層、麵皮、延壓折疊製作參見「反折千層派皮」P.188，作法1-16。並將麵團擀壓延展成厚度2.5mm的片狀。

柑橘杏仁奶油餡

02

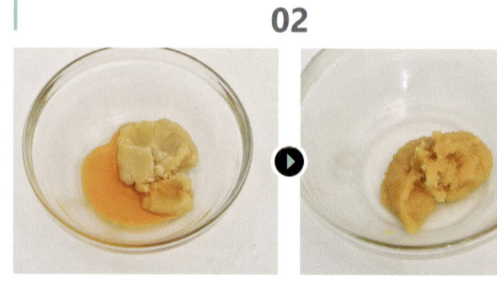

取1/3全蛋與回溫軟化的杏仁膏先攪拌打軟。

03

將奶油、糖粉、鹽以中速打到微發呈現泛白，加入作法②混合拌勻。

04

分次加入剩餘的2/3全蛋攪拌至融合，確實攪拌至完全吸收乳化。

05

接著，加入材料Ⓒ攪拌均勻至無粉粒。

06

再加入材料Ⓓ及糖漬柑橘丁拌勻。

07

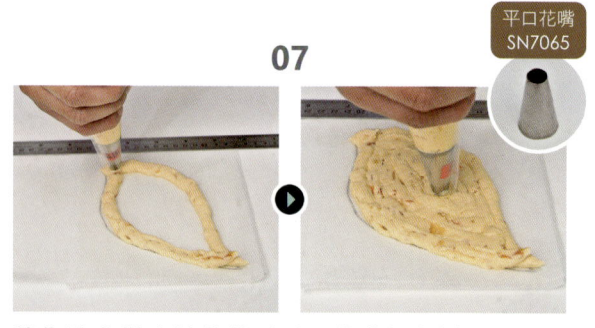

平口花嘴 SN7065

將作法⑥裝入擠花袋（平口花嘴）在紙型上，沿著葉形先擠出輪廓再填滿，再擠一層（共二層）成型（約130g）。

GALETTE DES ROIS

Point 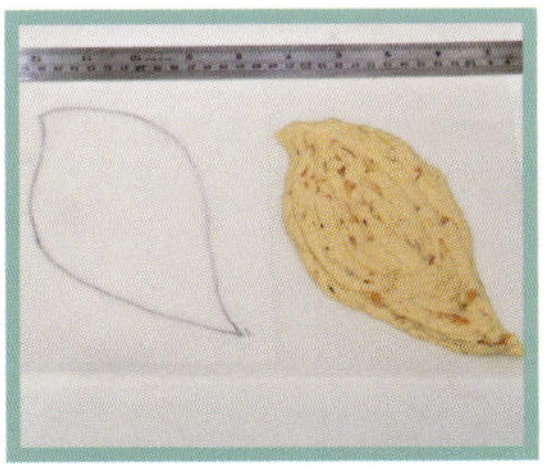
→將描繪好造型的紙形上方，鋪放一張烘焙紙，沿著輪廓形狀擠製即可。隔著紙張依圖樣好描繪，也能避免直接的接觸。

08 
將作法⑦覆蓋保鮮膜，冷凍使其定型。

表面用糖水
09 
將所有材料放入鍋中加熱煮至融化，放涼。

🍃 塗刷上糖水，能使表面帶有亮澤感外，乾燥後會形成薄薄的一層糖殼。

組合完工
10 
將延展、鬆弛好的派皮（厚度2.5mm）上面，放上柑橘杏仁奶油餡。

11 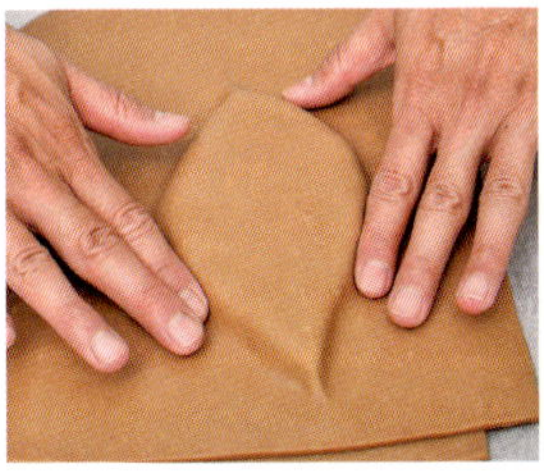
在派皮周圍薄刷水，再覆蓋上另一片派皮。

12 
用竹籤在表面戳出孔洞。

13 
沿著派皮周圍按壓使其緊貼密合，整型。

14 
用刀沿著葉形裁切出形狀，冷藏鬆弛30分鐘。

15 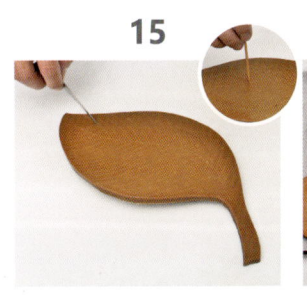
在表面塗刷蛋黃液，放冷藏讓表面風乾，用小刀於表面刻劃出葉脈紋路，並戳出孔洞。

16 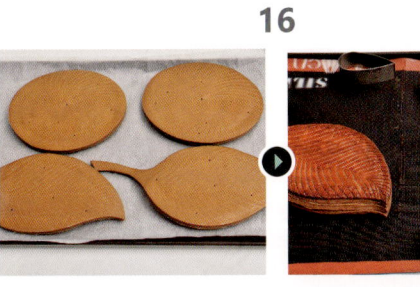 
用旋風烤箱，以170℃烘烤20分鐘烤乾蛋液，在烤盤四周架高（四個邊角處放置上高度一致的模框），覆蓋上矽膠墊及網架，繼續烤約45分鐘。

17 
取出塗刷糖水，再烘烤約5分鐘至乾燥。

Tea 4　茶香果香豐盈的特色甜點

— 239 —

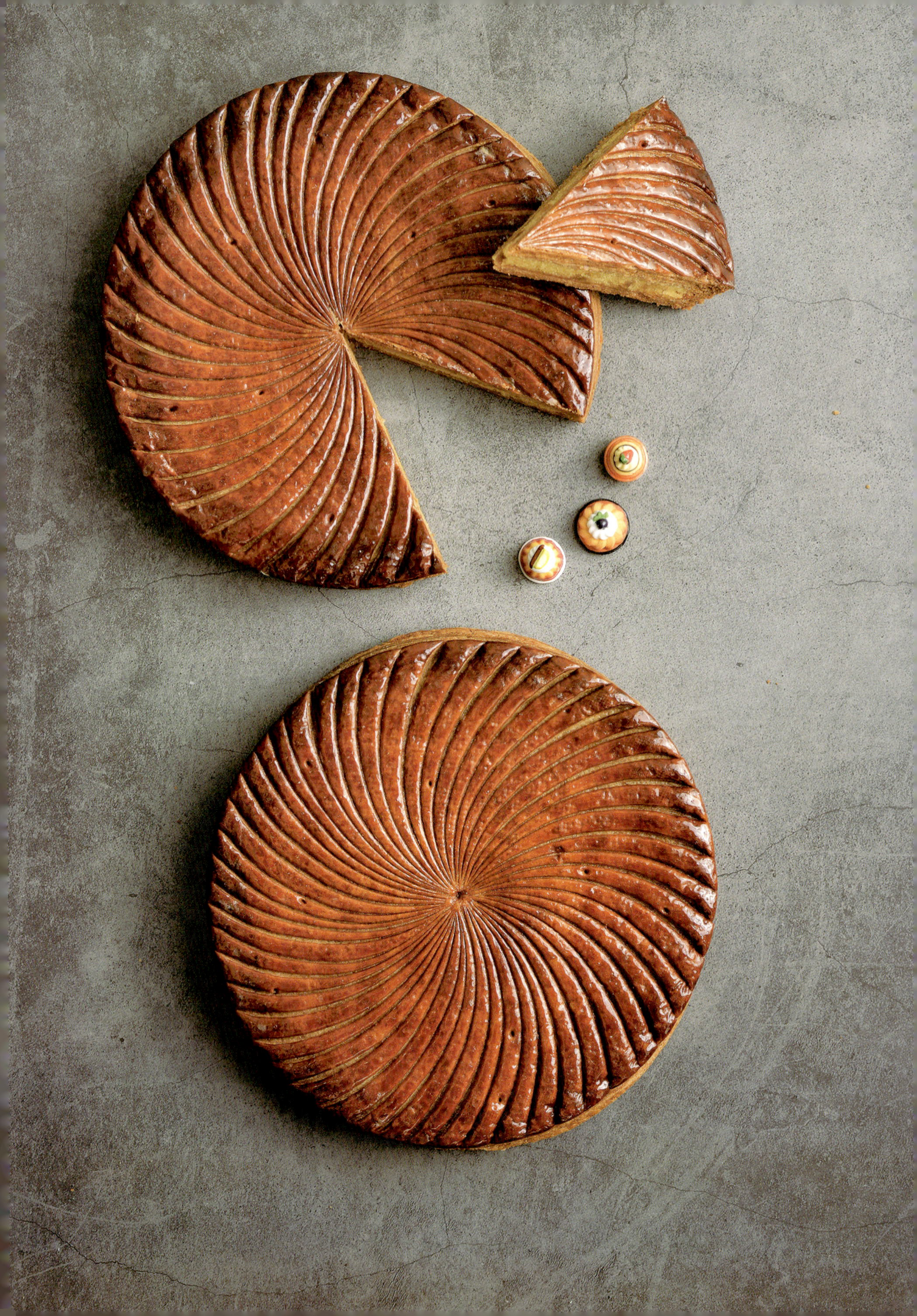

GALETTE DES ROIS

伯爵柚子國王派

1月6日主顯節不可或缺的節慶甜點。
國王派裡隱藏有小瓷偶，相傳分食到有小瓷偶的人會帶來整年的好運。
除了原味杏仁奶油餡，可搭配果香變化，派皮也很適合添加茶類搭配。

反折千層派皮　　　　　　柚子杏仁奶油餡

DATA

- **醇厚度** —— 輕淡 ▓▓▓▓□□ 濃厚
- **口　感** —— 硬脆 | **酥脆** | 蓬鬆 | **濕潤** | 豐厚紮實
- **香　氣** —— 清新 ▓▓▓□□ 濃厚

Tea 4　茶香果香豐盈的特色甜點

INGREDIENTS ｜ 材料 ｜　　　　份量／8吋4個

反折千層派皮_油層

片狀奶油…750g
　▶切小塊狀，冷藏
T55法國麵粉…300g
伯爵紅茶粉…10g

反折千層派皮_麵皮

Ⓐ ｜ 片狀奶油…200g
　　　▶切小塊狀，冷藏
　　低筋麵粉…300g
　　T55法國麵粉…400g
　　伯爵紅茶粉…10g
Ⓑ ｜ 細砂糖…50g
　　鹽…15g
　　水…230g
　　醋…6g

柚子杏仁奶油餡

無鹽奶油…260g
糖粉…260g
鹽…1.5g
全蛋…208g
60%杏仁膏…36g
Ⓒ ｜ 杏仁粉…260g
　　T55法國麵粉…26g
Ⓓ ｜ 香草莢醬…5g
　　伯爵紅茶酒…9.5g
糖漬柚子丁…110g

表面用_糖水

中雙糖…120g
水…100g
葡萄糖漿…15g

— 241 —

METHODS ｜ 作法 ｜

反折千層派皮

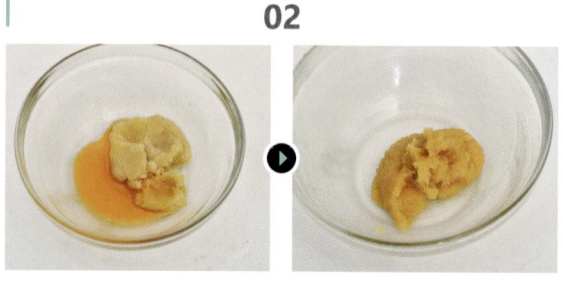

01 油層、麵皮、延壓折疊製作參見「反折千層派皮」P.188，作法1-16。並將麵團擀壓延展成厚度2.5mm的片狀。

柚子杏仁奶油餡

02 取1/3全蛋與回溫軟化的杏仁膏先攪拌打軟。

03 將奶油、糖粉、鹽以中速打到微發呈現泛白，加入作法②混合拌勻。

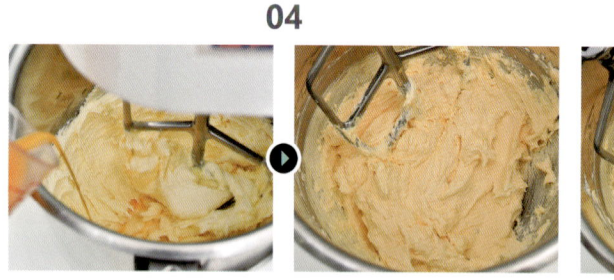

04 分次加入剩餘的2/3全蛋攪拌至融合，確實攪拌至完全吸收乳化。

05 接著，加入材料Ⓒ攪拌均勻至無粉粒。

06 再加入材料Ⓓ及糖漬柚子丁拌勻。

07 將作法⑥裝入擠花袋在矽膠圓形模中（直徑16.5×高1.2cm），以繞圓的方式擠出圓形狀、抹平（約220g）。 平口花嘴 SN7065

08 將作法⑦覆蓋保鮮膜，冷凍使其定型。

GALETTE DES ROIS

表面用糖水

09 將所有材料放入鍋中加熱煮至融化,放涼。

💡 塗刷上糖水,能使表面帶有亮澤感外,乾燥後會形成薄薄的一層糖殼。

組合完工

10 將延展、鬆弛好的派皮(厚度2.5mm)上面,放上柚子杏仁奶油餡。

11 在派皮周圍薄刷水,再覆蓋上另一片派皮。用竹籤在表面戳出孔洞。

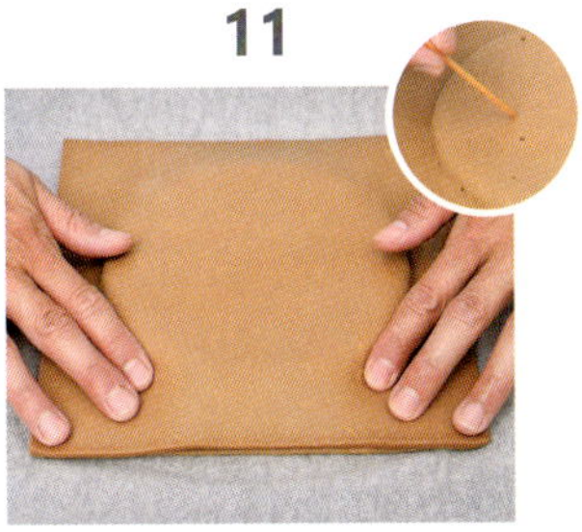

12 沿著派皮周圍按壓使其緊貼密合,整型。

13 套上8吋圓形模框,用刀沿著模框裁切出形狀,冷藏鬆弛30分鐘。

14 在表面塗刷蛋黃液,放冷藏讓表面風乾,用小刀於表面刻劃出圖紋花樣,並戳出孔洞。

15 用旋風烤箱,以170℃烘烤20分鐘烤乾蛋液,在烤盤四周架高(四個邊角處放置上高度一致的模框),覆蓋上矽膠墊及網架,繼續烤約45分鐘。

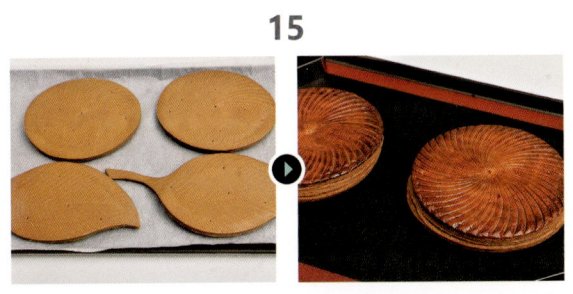

16 取出塗刷糖水,再烘烤約5分鐘至乾燥。

17 完成伯爵柚子國王派。

Tea 4 茶香果香豐盈的特色甜點

國家圖書館出版品預行編目（CIP）資料

清爽不膩！茶香風味甜點：東方茶韻 × 法式工藝，從經典到職人級創意，為舌尖帶來幸福滋味的茶香甜點 / 吳振平著. -- 初版. -- 臺北市：日日幸福事業有限公司；〔新北市〕：聯合發行股份有限公司發行，2025.09
　　面；　公分. --（廚房 Kitchen；158）

ISBN 978-626-7414-56-9（平裝）

1.CST: 點心食譜

427.16　　　　　　　　　　　　　　　　114011911

廚房 Kitchen 0158

清爽不膩！茶香風味甜點

東方茶韻 × 法式工藝，從經典到職人級創意，
為舌尖帶來幸福滋味的茶香甜點

作　　　者：吳振平
總　編　輯：鄭淑娟
行銷主任：邱秀珊
企劃主編：蘇雅一
美術設計：陳育彤
封面設計：陳姿妤
攝　　　影：周禎和

出　版　者：日日幸福事業有限公司
電　　　話：（02）2368-2956
傳　　　真：（02）2368-1069
地　　　址：106台北市和平東路一段10號12樓之1
郵撥帳號：50263812
戶　　　名：日日幸福事業有限公司
法律顧問：王至德律師
電　　　話：（02）2341-5833

發　　　行：聯合發行股份有限公司
電　　　話：（02）2917-8022
印　　　刷：中茂分色印刷股份有限公司
電　　　話：（02）2225-2627
初版一刷：2025年9月
定　　　價：599元

版權所有　翻印必究
※本書如有缺頁、破損、裝訂錯誤，請寄回本公司更換

創業慶応元年
カネイ一言製茶株式会社

精緻好禮大相送,都在日日幸福!

只要填好讀者回函卡寄回本公司(直接投郵),您就有機會獲得以下各項大獎。

獎項內容

1 PANASONIC 咖啡機 NC-R601
市價 $3990元／1台

2 HUNTER刀具 簡易工具箱組
市價 $3600元／2組

3 奇美32L旋風電烤箱 EV-320COSK
市價 $2488元／1台

4 PANASONIC果汁機 MX-XPT103-G （顏色隨機）
市價 $1590元／1台

5 義大利CUOCO富貴紅 限量版鈦晶岩平底鍋28CM
市價 $1180元／5組

參加辦法

只要購買《清爽不膩!茶香風味甜點》,填妥書裡「讀者回函卡」(免貼郵票)於2025年12月25日(郵戳為憑)寄回【日日幸福】,本公司將抽出以上幸運獲獎的讀者,得獎名單將於2026年1月5日公佈在:

日日幸福臉書粉絲團:https://www.facebook.com/happinessalwaystw

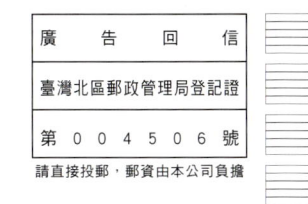

廣告回信
臺灣北區郵政管理局登記證
第 0 0 4 5 0 6 號
請直接投郵，郵資由本公司負擔

10643
台北市大安區和平東路一段10號12樓之1
日日幸福事業有限公司　收

請沿虛線剪下，黏貼好後，直接投入郵筒寄回

讀者回函卡

感謝您購買本公司出版的書籍，您的建議就是本公司前進的原動力。請撥冗填寫此卡，我們將不定期提供您最新的出版訊息與優惠活動。

▶

姓名：_____ **性別**：□男 □女 **出生年月日**：民國____年____月____日
E-mail：_____
地址：□□□□ _____
電話：_____ **手機**：_____ **傳真**：_____
職業：□學生　　　□生產、製造　　□金融、商業　　□傳播、廣告
　　　　□軍人、公務　□教育、文化　　□旅遊、運輸　　□醫療、保健
　　　　□仲介、服務　□自由、家管　　□其他

▶

1. 您如何購買本書？□一般書店（　　　書店）　□網路書店（　　　書店）
　　□大賣場或量販店（　　　）　□郵購　□其他
2. 您從何處知道本書？□一般書店（　　　書店）　□網路書店（　　　書店）
　　□大賣場或量販店（　　　）　□報章雜誌　□廣播電視
　　□作者部落格或臉書　□朋友推薦　□其他
3. 您通常以何種方式購書（可複選）？□逛書店　□逛大賣場或量販店　□網路　□郵購
　　□信用卡傳真　□其他
4. 您購買本書的原因？　□喜歡作者　□對內容感興趣　□工作需要　□其他
5. 您對本書的內容？　□非常滿意　□滿意　□尚可　□待改進 _____
6. 您對本書的版面編排？　□非常滿意　□滿意　□尚可　□待改進 _____
7. 您對本書的印刷？　□非常滿意　□滿意　□尚可　□待改進 _____
8. 您對本書的定價？　□非常滿意　□滿意　□尚可　□太貴
9. 您的閱讀習慣：(可複選)　□生活風格　□休閒旅遊　□健康醫療　□美容造型　□兩性
　　□文史哲　□藝術設計　□百科　□圖鑑　□其他
10. 您是否願意加入日日幸福的臉書（Facebook）？　□願意　□不願意　□沒有臉書
11. 您對本書或本公司的建議：_____

_____
_____
_____

註：本讀者回函卡傳真與影印皆無效，資料未填完整即喪失抽獎資格。